我的第一本 單車書

主編：陳啟明、容樹恒、莫鑑明、李韋煜

聯合編撰

洪松蔭、賴藹欣、呂劍倫、畢穎欣、莊子聰、雷雄德、李達成、趙志偉、冼德超、周泳豪、黃家豪、陳宇欣、潘德翹、陳振坤、夏翠蔚、邱啟政、容啟怡、黃詠儀、區仲恩、廖景倩、古惠珊、Dr Tron Krosshaug

我的第一本單車書

主編
陳啟明　容樹恒　莫鑑明　李韋煜

編譯
關晶瑩

編輯
劉善童

美術設計
Zoe Wong

排版
劉葉青　辛紅梅

攝影
許錦輝

出版者
萬里機構‧得利書局
香港鰂魚涌英皇道1065號東達中心1305室
電話：2564 7511
傳真：2565 5539
電郵：info@wanlibk.com
網址：http://www.wanlibk.com
　　　http://www.facebook.com/wanlibk

發行者
香港聯合書刊物流有限公司
香港新界大埔汀麗路36號
中華商務印刷大廈3字樓
電話：2150 2100
傳真：2407 3062
電郵：info@suplogistics.com.hk

承印者
百樂門印刷有限公司

出版日期
二零一六年七月第一次印刷

萬里機構

萬里 Facebook

寫作團隊
（按章節排序）

莫鑑明博士
- 香港中文大學醫學院
  矯形外科及創傷學系講師
- 美國國家體適能總會
  認可體適能專家（CSCS, NSCA）

洪松蔭先生
- 前香港單車隊奧運代表

莊子聰先生
- 註冊物理治療師
- 亞洲科學單車設定學會副會長

呂劍倫先生
- 世界三項鐵人聯盟（ITU）
  國際二級競賽教練
- 香港中文大學運動醫學及
  健康科學碩士

畢穎欣小姐
- 香港中文大學運動醫學及
  健康科學碩士
- 運動創傷防護員

賴藹欣小姐
- 港隊單車教練
- 前香港單車隊代表

3

李達成先生
- 鎮洋兄弟單車公司行政總裁
- 亞洲知識管理學院院士

冼德超先生
- BMX 花式單車專業電影特技員
- 「點滴是生命」慈善團體單車活動顧問

黃家豪先生
- 運動矯形師
- 香港中文大學運動醫學及健康科學碩士

雷雄德博士
- 香港浸會大學體育學系副教授
- 香港運動醫學及科學學會義務秘書

趙志偉先生
- 運動雜誌專欄作者
- 資深單車機械師

周泳豪先生
- 香港中文大學醫學院矯形外科及創傷學系碩士研究生

李韋煜博士
- 香港中文大學醫學院矯形外科及創傷學系講師
- 美國國家體適能總會註冊體適能教練及認可體適能專家（優等）（RSCC, CSCS*D, NSCA）

4

陳宇欣小姐
- 香港體育學院體適能教練
- 美國運動醫學會
  運動生理學家（ACSM-EP-C）

邱啟政先生
- 香港中文大學醫學院
  矯形外科及創傷學系兼職講師
- 註冊物理治療師

陳振坤先生
- 香港中文大學醫學院
  矯形外科及創傷學系講師
- 美國國家體適能總會
  認可體適能專家
  （RSCC, CSCS, NSCA）

容啟怡小姐
- 香港中文大學醫學院
  矯形外科及創傷學系兼職講師
- 註冊物理治療師

潘德翹先生
- 澳洲註冊執業營養師
- 澳洲運動營養師協會會員

夏翠蔚小姐
- 香港中文大學醫學院
  矯形外科及創傷學系博士生

黃詠儀醫生
- 威爾斯親王醫院骨科副顧問醫生
- 香港中文大學醫學院
  矯形外科及創傷學系
  名譽臨床助理教授

5

容樹恒教授
- 香港中文大學醫學院
  矯形外科及創傷學系教授
- 威爾斯親王醫院骨科專科顧問醫生

區仲恩小姐
- 伊利沙伯醫院骨科資深護師
  （運動醫學）
- 香港中文大學運動醫學及
  健康科學碩士

廖景倩小姐
- 註冊物理治療師
- 香港中文大學運動醫學及
  健康科學碩士

古惠珊醫生
- 威爾斯親王醫院內科及
  藥物治療學系顧問醫生
- 香港中文大學醫學院
  內科及藥物治療學系
  名譽臨床副教授

Dr Tron Krosshaug
- 挪威運動科學學院奧斯陸
  運動創傷研究中心副教授

運動項目示範

蔡俊明先生
- 澳門單車代表隊總教練
- 前香港單車代表隊成員

莊子聰先生
- 註冊物理治療師
- 亞洲科學單車設定學會副會長

馮佩華先生
- 香港中文大學醫學院矯形外科及
  創傷學系研究助理

　　單車運動在香港越來越受廣大市民認可，而香港精英運動員在世界大賽中獲取佳績的豪邁氣概，激勵年輕人躍躍欲試。無論在郊外單車徑健身休閒的騎車人群，還是通過單車運動釋放壓力享受刺激的白領階層，單車運動以其特有的魅力，讓人享受大自然的愜意。《我的第一本單車書》是一本難得推廣單車運動的啟蒙教材，以科學知識和豐富的單車運動經驗，引導你進入一個全新、科學、安全的單車世界，享受單車運動的樂趣，相信這是陪伴你進入單車世界的良師益友。

沈金康

香港體育學院單車部總教練

序言二

我很高興有一本介紹單車專業知識的書籍面世。近年單車運動十分普及,現時人們亦踴躍參與各種運動,為城市發展的一大趨勢,有助身心健康及家庭和睦。然而,騎單車無可避免會發生意外,亦會對身體造成傷害。故此,人們想查詢關於單車的知識時,經常要借用台灣出版或翻譯的書籍來收集資訊。此書集合了香港中文大學運動醫學團隊的權威及相關部門的專業知識講解單車運動,適切的言語可以使讀者閱讀時更容易理解相關資訊。

書中概括了有關單車的各種迷思,有助一些希望透過單車來促進健康的朋友了解單車這項運動。此外,這本書亦見證了社會發展的進步。一直以來,人們都認為醫生只醫治受傷的病人,這本書卻提倡了「預防勝於治療」的觀念,預先提醒人們安全地進行單車運動。現時,醫生不只在醫院工作,而是身體力行地支持單車界,講解相關知識,預防人們騎單車時受到任何傷害。因此,我認為出版此書十分難得,透過醫生及相關專業人士的經驗承傳給下一代,並讓這些知識及單車運動變得普及。

最後,此書涵蓋了關於單車的各種知識,包括騎姿、香港人騎單車時常見的問題及毛病等,適合初學者作為騎單車的入門之選,期望讀者閱讀後進行單車運動時能夠更安全、更健康。

黃金寶

三屆亞運會公路單車項目金牌得主
2007年度香港十大傑出青年
香港「星中之星」傑出運動員

　　單車運動在香港日趨流行，政府打算連接新界西及東北區內的單車徑，連成一個單車徑網絡，促進單車旅遊，推廣全民運動。自2000年起，美國運動醫學學院開始在各地推行「運動是良藥」(Exercise is Medicine)計劃，希望透過鼓勵群眾參與運動以維持健康，同時鼓勵長期病患如心臟病、肺病及腎病病人，多做運動來改善病徵及控制病情。

　　近年單車旅行興起，卻只有部分市民有充足準備。有見及此，我們是次以單車作為這運動系列叢書的主題，綜合了全港醫學、科學及運動界的精英，深入淺出地教導大家騎單車的好處及注意事項。本書融入近年有關騎單車的實用運動醫學知識，幫助初學者避免不必要的運動創傷。此外，我們還提供經科學驗證的最新訓練方法，教導大家如何成為自己的單車教練。單車運動結合科技，例如車架的設計和物料加入科研元素，有助改善表現，增加騎車樂趣。

　　希望這本書能成為替本港讀者量身打造的單車工具書，令大家享受單車樂趣之餘，同時擁有良好技巧及安全知識。

陳啟明恒
容樹明
莫鑑煒
李韋煜

目錄
Contents

寫作團隊　　　　　3

序言一　沈金康先生　7

序言二　黃金寶先生　8

主編的話　　　　　9

Lesson 1　騎單車先修課

1.1 甚麼是單車運動？　莫鑑明博士　　　　　　　　14

1.2 騎單車的十大好處　洪松蔭先生　　　　　　　　16

1.3 有哪些單車項目？　賴藹欣小姐　　　　　　　　18

1.4 在香港馬路上可以騎單車嗎？　　　　　　　　　22

1.5 十大單車徑安全守則　洪松蔭先生　　　　　　　26

1.6 從零開始？先學常用單車術語　畢穎欣小姐　　　28

1.7 你有聽過五大古典賽嗎？　畢穎欣小姐　　　　　33

Lesson 2　出發前，如何選擇裝備？

2.1 如何選擇和調教合適的單車？　莊子聰先生　　　　　　　　　　　　40

2.2 如何選擇合適的頭盔？　雷雄德博士　　　　　　　　　　　　　　　48

2.3 單車服飾有甚麼功能？　李達成先生、趙志偉先生、冼德超先生　　50

2.4 一定要穿單車鞋嗎？　李達成先生、趙志偉先生、冼德超先生　　　53

2.5 公路單車手的專屬裝備　李達成先生、趙志偉先生、冼德超先生　　56

2.6 調較山地單車的避震是一門藝術　周泳豪先生　　　　　　　　　　59

2.7 單車手也用矯形鞋墊？　黃家豪先生　　　　　　　　　　　　　　64

Lesson 3 如何讓身體做好騎行的準備？

3.1 單車運動員需要甚麼體適能？ 李韋煜博士   70

3.2 騎單車是有氧運動嗎？ 雷雄德博士   73

3.3 六個騎單車前應該做的動態伸展熱身運動？ 李韋煜博士   74

3.4 騎單車可以練氣嗎？ 陳宇欣小姐   80

3.5 騎單車的前、中、後期，如何補充能量？ 潘德翹先生   83

3.6 如何訂立一個科學化單車訓練計劃？ 呂劍倫先生   86

3.7 單車上的高強度間歇訓練法 陳振坤先生   89

3.8 破風十式是甚麼？ 莊子聰先生   90

3.9 騎單車後必要做的六個伸展動作？ 李韋煜博士   98

3.10 滾筒按摩：運動恢復好幫手 李韋煜博士   102

Lesson 4 騎單車時有哪些基本技巧？

4.1 基本單車技巧 賴蕙欣小姐   106

4.2 甚麼時候要「轉波」？ 夏翠蔚小姐   110

4.3 為甚麼行駛中的單車不會倒下？ 夏翠蔚小姐   111

Lesson 5 哪些常見問題？

5.1 要騎多久才可以減肥？ 雷雄德博士 　　114

5.2 騎單車太久，腿會變粗嗎？ 雷雄德博士 　　115

5.3 騎單車太久，髖關節會變得過緊嗎？ 邱啟政先生 　　116

5.4 騎單車會「傷膝」嗎？ 容啟怡小姐 　　117

5.5 錯誤的騎行姿勢會導致「騎士背」？ 容啟怡小姐 　　125

5.6 髂脛束摩擦綜合症 邱啟政先生 　　130

5.7 騎單車太久，為甚麼雙手會「麻麻」的？ 黃詠儀醫生 　　131

5.8 騎單車最常見的受傷是甚麼？ 容樹恒教授 　　133

5.9 騎單車時發生意外應如何處理？ 區仲恩小姐 　　135

5.10 長者適合騎單車嗎？ 廖景倩小姐 　　139

5.11 我有哮喘，可以騎單車嗎？ 古惠珊醫生 　　141

Lesson 6 熱門單車路線

6.1 香港騎單車的好去處（一）單車徑 　　144

6.2 香港騎單車的好去處（二）單車公園 　　151

6.3 香港騎單車的好去處（三）山路 　　161

Lesson 7 長途單車旅行

7.1 長途騎行前需要準備哪些裝備？ 李達成先生、趙志偉先生、冼德超先生 　　168

7.2 長途騎行前需要進行哪些訓練？ 賴藹欣小姐 　　171

7.3 路線和經驗分享——日本四國 李達成先生、趙志偉先生、冼德超先生 　　174

7.4 路線和經驗分享——台灣 莊子聰先生 　　177

7.5 路線和經驗分享——挪威與阿爾卑斯山 Dr Tron Krosshaug、莫鑑明博士 　　181

參考文獻 　　188

Lesson 1

騎單車

先修課

1.1 甚麼是單車運動？

作者 莫鑑明博士

　　騎單車是很受歡迎的運動項目。除了單車賽道上的比賽選手，每逢假日，香港市民都喜歡在優美的郊區騎單車享受天倫之樂，有益身心之餘又可以舒緩日常的工作壓力。單車徑分佈港九新界，為市民提供了很多安全又方便的單車運動場地，而位於將軍澳的香港單車館為香港提供了舉辦大型單車賽事的機會，令廣泛公眾對單車運動產生興趣。當然，世界各地也有推廣不同的單車運動，讓群眾建立運動習慣。

　　單車運動很多時候會以比賽形式進行。1896年第一屆奧林匹克運動會上，單車運動已列為正式比賽項目。1900年，國際單車聯盟（Union Cycliste Internationale, UCI）在瑞士埃格勒成立，以統籌各國單車賽為任務，針對各種不同的賽制訂出相關規章，其中最著名的國際比賽包括UCI職業巡迴賽和環法單車賽。環法單車賽會經過法國東南部普羅旺斯地區和阿爾卑斯山，最後在巴黎香榭麗舍大道衝線，大眾觀看比賽同時又可以欣賞沿途景色。

　　近年單車旅行興起，單車愛好者會計劃數天的單車旅程，熱門地點包括台灣、日本及歐洲等地。當中不只考驗騎單車的能力，亦需要對裝備和長途旅程有充足認識。所以，出發前的準備決不能馬虎。坊間亦出現了很多單車旅行團，在領隊帶領下，參加者會少一點煩惱，多一點樂趣。

環法單車賽

　　本書網羅了單車運動的基本資料和趣味新知。希望讀者讀畢此書後，可以對單書運動有初步了解，開始騎單車！

國際單車聯盟（UCI）：
https://www.youtube.com/watch?v=vETCVQOG1_Q

 小知識

單車有幾多種？

　　單車主要分為公路單車、場地單車、山路單車和落山單車。另外，非主流的還有小輪車（BMX）、花式單車和方便輕巧的摺疊車。當中，花式單車是最優美的單車運動。

1.2 騎單車的十大好處

作者 洪松蔭先生

❶ 強身健體

單車運動是全身帶氧運動，能全面鍛鍊身體各部分，而且受傷風險較低，適合3歲至80歲的人士。配合適當的練習，單車運動絕對是強身健體的最佳選擇。

❷ 保持苗條身段

正確的單車訓練在於節奏及轉動次數，減少力量訓練，使用較輕齒輪和增加轉數為主，能有效消除腿部脂肪，保持健美。

❸ 鍛鍊毅力及個人意志力

戶外騎單車，要適應不同的路面、路段及交通情況，又要面對不同的天氣變化，可鍛鍊個人毅力和意志力。

❹ 享受悠然自得的感覺

騎單車的速度適合欣賞周圍自然環境，又可親身感受大自然。步行和跑步的速度太慢，開車則太快。

❺ 釋放情緒，保持心境開朗

運動過程中，大腦會產生快樂激素，令人心情開朗，釋放負面情緒。

❻ 減壓釋懷

騎單車的途中，專注路面上各種情況的同時，也被優美的風景環抱，讓人忘記不快。

❼ 既環保又節省交通費

一般在5公里內的短程距離，騎單車比乘搭其他交通工具更快捷方便，特別是設有單車徑的區域，環保又節省交通費。

❽建立正確健康的人生觀

運動可以改變生命。香港生活整體普遍較忙碌,但人生除了賺錢之外,更重要的是學習正確健康的人生觀。

❾擴闊生活圈子

假日到單車徑,往往能結識到很多志同道合、熱愛單車運動的朋友,可擴闊自己的生活圈子和人際網絡。

❿建立和諧社會

健康的社會不單只有物質生活,單車運動除了幫助大眾建立正確的人生價值觀外,同時亦有助建立精神健康與和諧社會。

1.3 有哪些單車項目？

作者 賴藹欣小姐

國際單車聯盟（UCI）把單車運動分為9個類別，分別為：

❶ 公路單車　　　　❷ 場地單車

❸ 山地單車　　　　❹ 越野公路單車

❺ 小輪車　　　　　❻ 障礙單車

❼ 室內單車　　　　❽ 殘疾單車

❾ 大眾單車

　　對於剛接觸單車項目的新手，最容易提升技術而又安全的方法就是使用爬山單車作訓練器材，在單車徑練習。以爬山單車作器材，好處是容易操控，輪胎較寬，與地面產生的摩擦力能令你感到車身較穩定。當感覺自己已經能在單車徑上穩定騎行山地單車時，便可進入下一步，選擇自己喜愛的單車項目練習。以下為其中幾種單車項目簡介：

公路單車

適合以下人士：

◆ 喜歡速度感

◆ 喜歡騎着單車到不同地方

◆ 希望透過騎單車達到有氧訓練效果

　　公路單車除了在單車徑練習，亦可在公路騎行到香港大部分地方。如果準備到公路上騎行，請確保自己對道路安全有清楚認識，因為當人、車（汽車）共用馬路時，法例上公路單車已等同於車輛，單車駕駛者必須遵守交通規則。進行公路練習前，必須對道路有清楚認識方能確保安全。

山地單車

　　山地單車分為越野單車及落山單車兩大類：

一、越野單車

適合以下人士：

◆　喜歡與大自然接觸

◆　喜歡與朋友到野外地方遊
　　玩

　　香港是山多的丘陵地，所
以在這細小的城市，仍有很多
越野單車愛好者鍾愛的練習
場地。

二、落山單車

適合以下人士：

◆　喜歡在叢林中穿梭

◆　享受落山的速度感

　　落山單車需要從山上較高

位置，一直向山底終點衝刺，當中需要較高的單車控車技巧及足夠的
體能，方可應付落山途中的突發情況。在山路上騎行與在公路上的感
覺大有不同，山地裏時常出現突發情況，如地面泥土因天氣變化（如
下雨後泥土比較濕滑）而產生不同狀況，這時需要考驗到單車手的控
制能力。

場地單車

適合以下人士：

◆ 喜歡追求短距離、高速度感

◆ 喜歡爆炸力的運動

　　場地單車是公路單車的延伸項目，場地單車在一個碗型單車場內練習和比賽，相對於公路上少了車輛所構成的變數，參加者可進行全速練習，當中產生的刺激感與別的單車項目截然不同。

小輪車（BMX）

　　小輪車項目分為數種，簡單來説可以分為速度及技巧兩類：

一、泥地競速 BMX

適合以下人士：

◆ 喜歡飛越障礙

◆ 喜歡速度感

　　小輪車是 8 人競賽項目，在設有不同坡度的場地內進行，一般參加者不用參加競賽亦可體驗箇中樂趣。BMX 要求極高的身體協調能力，騎這種特別單車需要站立騎行而非坐在座位上。當經過高低起伏的障礙時，會感覺到單車與身體互相協調，才能增加車速。

二、花式 BMX

適合以下人士：

◆ 喜歡鑽研技術

◆ 追求動作完美

◆ 喜歡極限運動

　　花式 BMX 不講求速度，但講求完成動作的流暢度及完美程度，是觀賞性很高的單車項目。

1.4 在香港馬路上可以騎單車嗎？

資料來源：運輸署及道路安全議會

在香港，單車是馬路上其中一種車輛，受《道路交通條例》約束，所以在香港馬路上可以騎單車，但騎單車人士必須遵守運輸署及道路安全議會發出的《道路使用者守則》。為保障安全，使用馬路時，應與其他馬路使用者互相禮讓，避免發生意外。

安全措施與守則

◆ 騎單車前，先檢查單車（特別是煞車系統）是否可以安全使用，並戴上合適的頭盔、護膝等保護裝備。

◆ 必須遵守所有交通燈號、交通標誌和道路標記。

◆ 在日間要穿着鮮色衣服。在黃昏、夜間或能見度欠佳時，應穿着反光或螢光衣服。

◆ 在黑夜或能見度低時，車前必須亮起白色燈；車後必須亮起紅色燈。

◆ 在行人過路處橫過馬路時，必須下車。

◆ 除非要超越前車或右轉，否則與其他單車成單行靠左行駛。

◆ 在設有單車徑的道路上，使用單車徑。

◆ 不可載客。

◆ 不可運載妨礙視線或妨礙平衡的貨物或動物。

◆ 騎單車時，不應雙手離開把手，或雙腳離開踏板。

◆ 不可攀附其他車輛，或拖着物品。

◆ 11歲以下小童，沒有成年人陪同時不可在馬路上騎單車。

◆ 不可在行人路上騎單車。

◆ 切勿在車輛之間左穿右插。

ABC檢查方法

每次騎單車時，可使用ABC檢查方法確保單車性能良好。

Air pressure 氣壓

檢查車胎氣壓是否足夠

Brake 煞車

檢查煞車是否正常運作

Control 控制 / Chain 鏈條

◆ 鏈條是否順暢
◆ 車頭控制部分有沒有鬆脫

手號

讓其他道路使用者知道你的去向：

◆ 靠左以穩定速度直線行駛。	 左轉	
◆ 超車、轉彎或停車前均須察看四周交通情況，並以手號讓其他道路使用者知道你的去向。	 右轉	
◆ 在黑夜及能見度低的情況下，要穿着鮮色或螢光衣物，並亮着車頭白燈和車尾紅燈。	 減速	

路標

　　道路上設有不同路標，騎單車前你應該了解各種路標的意思。以下是於單車徑上常見的路標：

禁止行人及單車進入

禁止單車進入

騎單車者必須下車

只准單車及三輪車通行

或

行人徑或單車徑

限制騎單車區的終止

1.5 十大單車徑安全守則

作者 洪松蔭先生

到單車徑騎單車絕對是市民假日消閒的好節目，不過大家是否懂得正確地使用單車徑？這裏列舉單車徑十大陷阱，希望大家能安全又愉快地享受騎單車的樂趣。

❶ 時刻遵守單車道路規則

這是老掉牙的法規，卻常常被忽略。在行車時切勿越過對面行車線，避免迎頭相撞，任何時刻都必須遵守單車道路規則，絕不能存有僥倖心態。

❷ 量力而為

在單車徑行駛，以悠閒遊樂為主，細心欣賞沿途風景，而非比賽，所以車速不應太快，即使發生意外也不會造成嚴重傷害。切記凡事量力而為，不應有好勝心態。

❸ 注意路面情況

單車徑上，一般平均車速為每小時20公里。行車時應保持前望，與前車保持適當距離，最好有兩架單車的距離。在視線方面，大約要有10至30米距離，速度越快，距離應越遠。同時要留意前方路面情況，如單車人流、障礙物、交通情況、地陷、積水、碎石及坑渠蓋等。

❹ 切勿突然煞車

停車前，最好先打手勢示意後方，除危急情況外，切勿突然緊急煞車。掌握正確煞車方法：應以七成力度煞後掣，三成力度煞前掣，以免造成意外。

❺ 切勿突然轉過對面行車線

轉線前應先打手勢，示意後方和對面行車的一方。切勿突然轉過對面線，以及隨時留意後方高速前行的單車，避免相撞。

❻ 安全進入行人路 •

由單車徑進入行人路時，應先將車速減慢，留意四周環境，再慢慢把車停下來推上行人路，切勿騎單車強行橫過單車徑與行人路之間的路肩。

❼ 保持單車徑暢通

一般情況下，單車手不應在單車徑上行走或停留。如必須停留，應小心留意正在行駛的單車，同時盡量保持單車徑暢通。切勿把單車停泊在單車徑、路口和人多擠迫的地方。應把單車停泊在泊車處或行人路上。

❽ 在不明朗情況下減速

在惡劣天氣、彎多路窄、上落斜坡及人流多的情況下，必須減低車速，雙手握實頭把（但不需緊握），把最少三隻手指放在煞車掣上，隨時準備先煞尾掣、後煞前掣，凡遇上不明朗情況都應減速，甚至停車。

❾ 與前車保持適當距離

不論任何時候，行車時都應靠左行駛，跟前車保持最少一架單車的距離，如遇上突發事件，也有足夠時間應對。

❿ 專心駕駛 •

騎行時必須專心，不可使用手提電話或雙手離開手把。在單程線路面闊度超過4米和路面暢通時，可並排行車。服用藥物後、精神不足或感到疲倦等情況下，切勿騎單車。

1.6 從零開始？
先學常用單車術語

作者 畢穎欣小姐

技術篇

術語	意思
抽車 / 起車	離開座位站騎的衝刺；將身體重心前移至車頭，下踩時在同側用手向上拉扯手把，以增加腿部力量輸出
搖車	上坡時動態平衡的效果，雙手握着手把有節奏地左右擺動車身，而前輪角度保持畢直
操車	進行單車訓練
帶車	一條龍陣營時主動上前頭帶領替大家擋風
跟車	緊貼前車，讓其抵擋風阻
轆車	輕鬆隨意的短途單車旅程
炒車	泛指連人帶車意外墮地
級車 / Cup 車	翻車導致車上人下
訓車 / 跌車	用扣踏但未脫扣就停車，連人帶車向左或右跌倒
Choke 車	平路站騎左右搖擺踩踏之意
飛 Jump	利用車速慣性配合身體平衡，凌空越過高低落差的路面
兔跳	連人帶車躍起，凌空跨過路上障礙
入銀	車輪嵌入地面凹坑
追餅	下坡段繼續踩踏
跌餅	上 / 下坡轉波時出現脫鏈問題
派牌	入灣時跌軌，連人帶車橫跌地上，狀態如玩啤牌時派牌的畫面
起圍	一組車群「突圍」而出之意
甩尾	指過度煞制之時後輪失去抓着力之意
跌軌	緊急煞車時後輪鎖死，輪胎失去抓着力而繼續在地上摩擦
踩 TT	落後單車手獨自完成路程
上力	形容單車手感覺可以駕馭單車隨心發力
上 Lock	把單車鎖鞋扣上腳踏
踩重腳	形容踩踏高齒輪比

術語	意思
摩打腳	形容踩踏轉次非常高
鬆腳（踩輕腳）	指慢踩 Warm Up 或 Cool Down 階段的騎車節奏
衝頂	上坡段全力衝刺
拉龍	車群變成一個跟著一個行進
斷龍	拉龍時，隨後單車手未能跟上前一位導致隊形分裂
坐轆	指在越野下坡時，單車手移後臀部至後輪上令重心轉移
踩鑊	在場地競技場騎乘
鑊場	場地車競技場俗稱

器材篇

術語	意思
牛角	加裝在車把兩端指向前的把手，通常和原本的手把成直角
飛機頭	肘靠式的手把，讓單車手上身前俯，取得低風阻位置
Dup 頭	公路單車特色彎把：上彎較短、下彎較長的手把
蟹鉗	煞單車手制
鵝頸／龍頭	將手把連接車身的立管/裝置
7字頸	舊式鵝頸，指扭牙頭碗組用前叉用的龍頭/鵝頸
轆	車輪（Ring）之譯音
淆轆	車輪從正面看不成直線，或從側面看不是正圓形狀
彈轆	將單車輪作調較直至回復正圓
織轆	利用轆線將單車輪框連接輪軸
洗牙	洗淨螺旋坑紋
耷牙	將工件刻劃螺旋坑紋，又或重整受損螺旋坑紋之意

術語	意思
威也	英文「Wire」音譯，形容內變速或煞制線
線殼	形容外變速或煞制線
頭盒	前波箱 / 車軸（Hub）之譯音
尾盒	後波箱 / 車軸（Hub）之譯音
波撥	前變速器
波腳	後變速器
大細轆	指頭650C、後700C車輪規格的計時公路車
大大轆	指前後均為700C車輪規格的計時公路車，但不會形容在一般公路車上
鏈餅 / 牙盤	前單車輪齒盤
飛輪	後單車輪的齒輪片
BB	Bottom Backet的縮寫，即腳踏中軸

路線篇

術語	意思
大冷	泛指繞大圈，取英文「Big Round」的諧音，以100公里以上不走回頭路的路線為準
環島	環繞香港島走圈

比賽篇

術語	意思
敢鬥獎（Combativité）	表揚比賽中在進攻、追擊突圍等方面表現最突出的選手
序幕賽（Prologue）	為了決定比賽的第一站領騎單車手而舉辦，以個人計時方式的競賽；距離約8公里左右
登山站等級（Mountain Climb Classification）	比賽中設置的搶分點，難度與級數由低至高為4、3、2、1、頂級（HC）；越高的級數代表爬坡長度越長、坡度越陡

術語	意思
積分總排名 （General Classification, G.C.）	比賽最終結算成績，累積時間最低的單車手獲得總排名第一，是比賽最高榮譽——總冠軍
未完賽（DNF）	Did Not Finish，參賽期間單車手因為傷病等原因未能在指定時間內完成賽事，成績不列入總排名
未出賽（DNS）	Did Not Start，單車手在出發名單上但未出賽
取消比賽權利（DSQ）	Disqualified，單車手因未遵循規定或違規不改，被取消參賽權
主車群（Peloton / Pack）	比賽中最多單車手集中的行進車群，通常至少有20人組成
衝刺積分（Bonus Point）	每個單站都會設置幾個中途衝刺搶分點，前三名到達搶分點的單車手將獲得由高至低的額外積分
踩踏頻率（Cadence）	也稱迴轉速（rpm），是單車手每分鐘完成轉動腳踏動作的速率。數字越高，表示踩踏效率越好
時間差（Gap）	比賽時，單車手或是車群間的時間差
掉隊（Off the Back）	單車手跟不上主車群前進的速度
輪車（Paceline）	單車手們進行高速比賽時為了抵擋風阻，輪流進行接上前車、退下、跟車等動作
攻擊（Attack）	單車手主動加速離開主車群時，就叫做攻擊，也叫做突圍、脫逃
追擊（Catch）	單車手追上領先單車手或車群的「抓捕」動作。通常領先者被追回後，與主車群再次結合成為大車群
補給區 （Feed Zone / Free Zone）	比賽中設置一個讓車隊提供單車手飲食補給的區域
借力（Sticky Bottle）	單車手可能會從補給車工作人員處拿緊補給品，同時讓補給車拉行一段短暫時間以省點力氣。通常這是被允許的，但單車手跟着補給車超過兩秒或太長時間，裁判可能會判犯規

單車界的最高殊榮：
彩虹戰衣（Rainbow Jersey）有甚麼意義？

彩虹戰衣是單車競技界別中，只有世界冠軍才能穿着的獨特運動服。彩虹戰衣的底色是白色，於胸口處有國際單車聯盟標誌和5種顏色的條紋，從最上起是藍、紅、黑、黃和綠。這傳統適用於所有項目，包括公路賽、場地賽、越野賽和山地單車的小輪車賽。

世界冠軍競逐其贏得錦標的項目、類別和車種時，必須穿着彩虹戰衣，直至下一屆世界錦標賽比賽日為止。例如世界公路賽冠軍競逐分段賽時，須穿着彩虹戰衣，但是在計時分段中則不能穿着。同樣道理，場地賽事中的世界個人追逐賽冠軍只能在其他個人追逐賽的比賽中穿着彩虹戰衣。在團體賽（如團體追逐賽），團隊中的每名成員都必須穿着彩虹戰衣，但不應在計分賽或其他場地賽事中穿着。

彩虹戰衣有助觀眾找到世界冠軍，同時也令其他參賽者更容易認出冠軍保持者，尤其是在公路賽事中。這樣不利於世界冠軍發動搶攻，而其他參賽者發現世界冠軍撞車或出現技術問題時，則可以更快從中取利。雖然世界冠軍戰衣上可以容納贊助商標誌的空間減少，但傳媒對他的注視也會抵消標誌縮小的影響。

世界冠軍若沒有按規定穿着彩虹戰衣，可能面臨2,500至5,000瑞士法郎的罰款。

單車選手不再是世界冠軍時，可以在運動服上的領口和袖口使用相同彩色圖案的色帶，但只能在競逐他所曾持有錦標的項目、類別和車種時方可使用。

1.7 你有聽過五大古典賽嗎？

作者 畢穎欣小姐

國際單車聯盟（UCI），總部設在瑞士的埃格勒，在1900年4月14日成立，是國際奧林匹克委員會認可來管理單車運動國際事務的官方機構。除了最著名的環法賽之外，UCI每年都會舉辦五大古典賽（The Monuments），即是在西歐國家舉辦、舉世觸目的單車賽事。賽事的起源可以追溯到19世紀末，由於歷史悠久和比賽路線富有特色，每年吸引大量來自各國的頂尖單車手參加，所有單車迷都會十分留意有關消息。以下是五大古典賽的基本資料：

巴黎—魯貝單車賽

米蘭 － 聖雷莫古典賽
（Milan - San Remo）

外　　　號：春季古典賽（The Spring Classic）

比賽時間：3月

國　　　家：意大利 ▮▯▮

誕生年分：1907年

賽事距離：298公里

特　　　色：所有單日賽中距離最長，賽道全程平地，沒有高難度上坡。比賽多以大
車群衝刺結尾，因此又名為「衝線手的古典賽」（LaClassicissima）。賽道
的上坡段位於最後的9公里。頭兩公里有4個髮夾灣考驗單車手的轉向平
衡力，再由長3.7公里斜度4%。最斜8%的賽道至最高點，路面開始收
窄，最後的兩公里則全為平路。因為賽程長，開賽時間於賽季早期，該
項賽事往往被各大車隊拿來當作賽季初期的耐力訓練。單車手要具備很
好的體能和耐力，更要留有爆發力於尾段從主車群突圍衝刺方可爭取到
好成績。

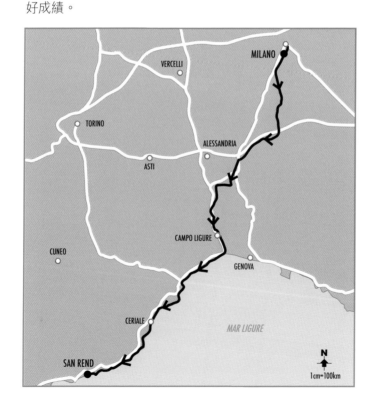

環法蘭德斯
（Ronde Van Vlaanderen）

外　　號：De Ronde (The Tour)

比賽時間：4月初

國　　家：比利時 ▮▨

誕生年分：1913年

賽事距離：260公里

特　　色：最著名在於單車手要經過極限環境的上下坡段，而且賽道
　　　　　最後的三分之二路程包含大量短距離陡坡，極為考驗單車
　　　　　手意志及全面技術，運氣常被視為勝出關鍵。由於賽道位
　　　　　於多個山丘之間，提供了單車手很多攻擊或突圍的機會，
　　　　　山上狹窄的賽道也迫使精英單車手需要不斷在山路中保持
　　　　　前方位置優勢，不能怠慢放鬆。因此險惡環境和不可預測
　　　　　的賽果是這比賽最吸引之處。

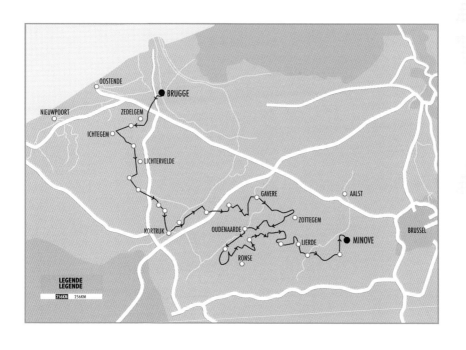

巴黎 － 魯貝（Paris Roubaix）

外　　　號：北方地獄（The Hell of the North）

比賽時間：4月中

國　　　家：法國

誕生年分：1896年

賽事距離：257.5公里

特　　　色：多達27段、總長度超過52公里的石板路，而且石板之間多為泥地，單車手完成賽事時通常已經被淺起的泥土弄得全身骯髒不已，滿身泥濘。凹凸不平的路況導致各種機械故障令撞車意外頻頻發生，絕對是所有參賽單車手的夢魘。石板路段兩旁都圍滿近距離的觀眾，狹窄又崎嶇的賽道加上急彎不斷，單車手的平衡能力和控車技巧成為勝敗關鍵。此項比賽冠軍會獲得以石板做成的獎杯。

精彩片段：http://www.letour.fr/paris-roubaix

列日 – 巴斯通 – 列日
（**Liege-Bastogne-Liege**）

外　　號：La Doyenne (Cycling's Old Lady)

比賽時間：4月底

國　　家：比利時

誕生年分：1892年

賽事距離：264公里

特　　色：賽事著名在於其陰險的天氣，非常考驗單車手的持久耐力及講求柔韌意志。比賽期間賽道前100公里是相對較直及平坦的路線，之後進入大概160公里的折返路段。折返段除了較長距離，還包含密集短途的上坡，跨越多個山頭，而且上下坡的頻率直到最後1公里仍然持續。由於賽道路況多變，令賽事結果也常常難以預測。單車手除了要有過人的體格，更要有清晰細密的計算，在賽事適當分配體能。

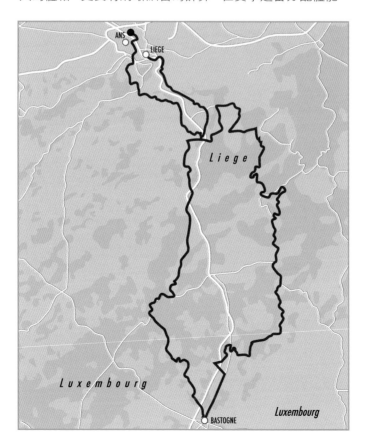

環倫巴底（Giro di Lombardia）

外　　　號：落葉賽（Race of the Falling Leaves）

比賽時間：10月

國　　　家：意大利 ▮▮

誕生年分：1905年

賽事距離：255公里

特　　　色：賽事路線不斷出現上坡位，最為人知的是中後段有一長達3.4公里的極陡
上坡，這段十分關鍵，上坡段前只有3公里的下坡準備，通常哪個選手能
首個完成這個上坡段便能成為贏家，因此也稱為「爬坡手的古典賽」。

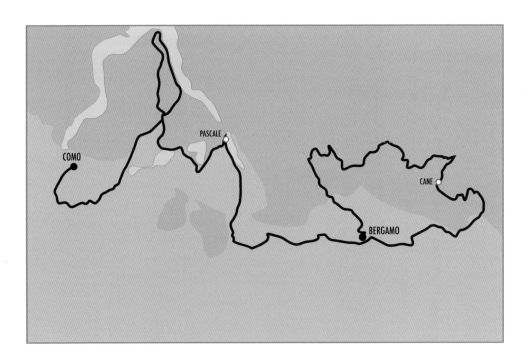

Lesson 2

出發前，如何

選擇裝備？

2.1 如何選擇和 調教合適的單車？

作者 莊子聰先生

量度尺碼（Sizing）和設定調教（Fitting）是不同的步驟。量度尺碼（Sizing）是根據自己騎車目的和需要（公路車、山地車或計時車）去選擇適合自己四肢長度和身軀比例的單車。設定調教（Fitting）則是選擇車架後，微調碗組、座位和腳踏，以達至「人車合一」的境界。

量度尺碼（Sizing）

單車的尺寸（Frame Size）通常以由中軸到座管頂的立管（Seat Tube）長度來定義。傳統上，公路車使用的單位是公制（厘米），而山地車則用英制（英吋），還有一些會籠統地用大、中、小來定義。根據不同類型和牌子的車架幾何，同一個人的高度所用的公路車和山地車都有不同尺寸（Frame Size）。我們在這裏會集中介紹非競賽型公路車的尺寸。要找出適合自己的尺寸，便要知道身高（Height）和胯下高度（Inseam Length）。

車架尺寸（Frame Size）＝ 立管長度（Seat Tube Length）

虛擬管頂

座管頂

管頂

立管

中軸

臂長

身高

胯下高度

公路車		
身高（cm）	胯下高度（cm）	車架尺寸（cm）
150 - 155	66 - 71.1	44 - 46
155 - 160	68.5 - 73.6	46 - 48
160 - 165	71.1 - 76.2	48 - 52
165 - 170	73.6 - 78.7	50 - 52
170 - 175	76.2 - 81.3	52 - 54
175 - 180	78.7 - 83.8	54 - 56
180 - 185	81.3 - 86.4	56 - 58
185 - 190	83.8 - 88.9	58 - 60

　　以上轉換表只用作基本參考，根據不同車款幾何（Geometry）及
個人身體特徵（手腳長短有別），大小相差一碼也是常見的。詳情應該
詢問有認證的專業單車設定師。

甚麼是單車設定（Bike Fitting）？

以每分鐘90迴轉數的踏頻騎行的話，1小時髖膝踝關節就有5,400次運動。如果關節角度不適當，不單會影響肌肉發力，變得緩慢或增加風阻，更會因關節受力錯誤，容易導致勞損。要達至「人車合一」的境界，需由專業單車設定師（Bike Fitter）調教單車，需時約3至4小時，而調教公路車、山地車、計時車和三鐵車的方法皆有不同。

單車手在單車上有5個接觸點：雙手、雙腳和臀部。要做好設定，必須了解單車手的需要和目的，才能符合空氣動力學，又防止勞損。以下我們深入淺出說明兩個最基本重點：

單車設定的
電子傳感器　　破風 ◀━━━━━ 速度 ━━━━━▶ 防損

一、座位高度要適中，太高或太低都會影響發力

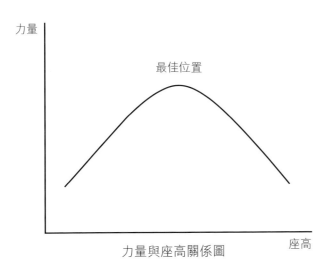

力量與座高關係圖

二、卡踏的五項調教

常見傷患

要數騎行最常見的傷患,莫過於腰背痛和膝關節痛。那麼疼痛究竟是內因(自身肌肉弱/錯誤姿勢)還是外患(單車設定)出問題?

1. 腰背痛:70% 的個案與腰背姿勢錯誤有關

腰背痛:3-31%

頸痛:3-66%

膝蓋痛:24-62%

豎棘肌

膕繩肌

◆ 長期處於下彎把

◆ 豎棘肌:腰背痛重要肌肉勞累

◆ 膕繩肌:開始勞累,引起盤骨整體變化

根據 2012 年荷蘭物理治療大師做的研究,發現有腰背痛的單車運動員都呈「弓背」踩法,所以骨盤中線控制變得更加重要。

腰背痛檢查流程

步驟一:車架 —— 大小適中

步驟二:設定 —— 座位高度仰角

步驟三:設定 —— 座艙空間

步驟四:肌肉力量 —— 膕繩肌耐力和深層背肌控制

步驟五:騎行姿勢 —— 盤骨傾斜／弓背

2. 膝關節痛:50% 的個案跟卡踏角度有關 踩踏時錯誤
控制膝關節

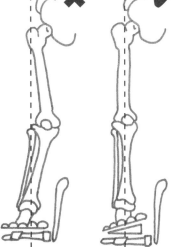

白點偏離紅線　　白點在紅線上

膝蓋痛位置	起因	可行的調教
前端	座位太低或太前	把座位調高或調後
	卡踏鎖片太前	把鎖片調後
	長短腳	用單車專用墊加高短肢
後方	座位太高或太後	把座位調低或調高
	車架太大 / 座艙太伸長	換小碼車架 / 縮短座艙空間，放鬆膕繩肌
外側	卡踏鎖片設定不對	因應本身下肢形態進行調教，使腳趾輕微往外朝
	雙腳腳踏坐距太窄	把鎖片往內移動或者加長腳踏軸心長度
內側	卡踏鎖片設定不對	因應本身下肢形態進行調教，使腳趾輕微往內朝
	雙腳腳踏坐距太闊	把鎖片往外移動或者縮短腳踏軸心長度

◆ 運動誤區一

千萬不要以為所有角度都是死硬派，Fitting 時候有「Bike Fit Window」，即每個設定的角度都有「最適範圍」，因為人體肌肉的柔韌度和力度都會隨着體能訓練而改變。設定後如果發現自己能夠更上一層樓，則可以參照設定師的指引調教得更進取、更破風。英國環法車隊 Team Sky 的單車手全年也不停地做設定調教呢！

◆ 運動誤區二

運動醫學上，關節疼痛的原因有三大因素：外患（單車設定）、內因（肌肉關節失衡）、訓練量（功率突然過大、次數突然增加）。一般單車手都會錯誤以為疼痛單單源自單車設定或大小的問題，因此需要具運動醫學深造經驗的物理治療師幫單車手找出病因，對症下治。

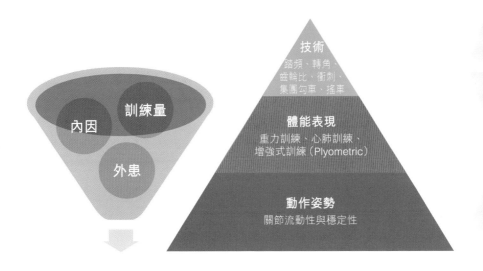

重複勞損　　　　　單車運動金字塔

引用五屆環法冠軍 Eddy Merckx 的名言：「Don't buy upgrades, ride up grades」──盲目追求車架設定可以進步5至10%，但最重要其實是做好基礎動作姿勢和體能訓練，再好好琢磨技術，就可以騎得無痛又更破風。

2.2 如何選擇合適的頭盔？

作者 雷雄德博士

騎單車人士要減低頭部及面部在遇到碰撞時受傷的風險，騎單車時應該要時刻戴着頭盔。香港浸會大學體育學系曾調查過2,000多名中學生騎單車的安全狀況，發現不足一成人有佩戴頭盔。而外國有單車意外的受傷統計發現，戴上單車頭盔能夠有效減低頭部、面部及腦部受傷的比率高達88%。據本地調查顯示，有相當高比率的人士，騎單車時沒有配戴頭盔。該調查於2012年4月進行，訪問了逾2,000名年齡介乎18至64歲騎單車人士的行為。當中28.9%報稱在調查前12個月內曾騎戶外單車，但88.7%受訪者在騎單車時從來不戴頭盔。

選擇頭盔方面，要視乎公路車、山地車和小輪車等不同類型而定。由於騎單車時身體釋放大量熱能，頭盔需要有散熱功能。公路單車頭盔通常以輕便為主；山地單車頭盔有較多的通風孔，頭盔必須佩有帽檐，能夠防雨、遮擋陽光及泥濘。

公路單車頭盔

山地單車頭盔

Lesson 1

出發前，
如何選擇裝備？
Lesson 2

Lesson 3

Lesson 4

Lesson 5

Lesson 6

Lesson 7

要選擇頭盔，首先要選擇合適的頭圍尺寸。合適的頭盔，必須包裹頭部，保護前額和後腦，扣緊頭盔皮帶時不能太緊或太鬆，否則減低保護效果。還有，購買頭盔時，需要看清楚頭盔有否得到安全認證。香港政府漁農自然護理署建議山地單車頭盔須符合 American National Standards Institute（ANSI）或相同標準。

 **小貼士**

- *購買已受安全認證的頭盔。*
- *選擇適合的種類，例如公路車或山地單車。*
- *留意頭盔的尺碼大小是否適合，購買前最好試戴。*
- *確保頭盔扣帶合適，能夠穩固頭盔於水平位置。*
- *留意頭盔的製造日期及使用期限，避免物料老化。*
- *如果頭盔曾發生碰撞，應該更換。*

2.3 單車服飾有甚麼功能？

作者 李達成先生、趙志偉先生、冼德超先生

單車服

單車服由不同形狀的布料合併而成

單車服背後的小袋

　　每一項運動都各有其專業的運動服，單車亦不例外。單車服的主要目的是幫助單車手在運動時減低身體產生的高體溫和大量汗水，所以要用上高透氣的特殊布料製造，能將汗水排到衣物外讓風帶走，剪裁也要貼身及有彈性。運動時，風阻會減低速度，所以動作要非常敏捷，便要使用多幅不同形狀的布料拼合而成，亦即是說，布幅數量越多，彈性和貼身程度就越好，價格亦越高。除此之外，單車服會在背後加上幾格小袋，方便單車手騎乘時可隨時拿取小食或水壺。

　　騎乘太久的話，臀部就會因為受壓太久而感到酸痛，若受壓得嚴重，臀部神經及血管會令下半身肌肉缺血、缺氧，出現麻痺現象。因此單車褲內加了一塊軟柔的墊，從而減輕臀部、血管和神經受壓的情況。軟墊物料主要為棉布或矽膠，前者軟熟，有保暖作用；後者柔軟得來有吸溫散熱功能。褲身多會使用透氣、排汗能力強和有彈性的布料，多幅拼合而成，令單車手能靈活活動。

有軟墊物料的單車褲

禦寒衣物

1. 魔術頸巾

    冬天騎車時，單車手會準備另外三項保暖衣物。首先是魔術頸巾，有兩個作用。第一，天氣太冷時可以用來包着頭部，然後帶上頭盔；第二，將頸巾掛在頸上，並覆蓋整個口部。由於冬天騎車時會吸入大量冷空氣，使口腔及鼻腔不適。如果把魔術頸巾覆蓋口部，單車手就能呼吸到自己口部呼出的暖氣，防止氣管受冷空氣刺激。

魔術頸巾

2. 風衣

    另外一個裝備是風衣，風衣用料較薄，手袖較長，避免伸手時皮膚外露於空氣。風衣另一作用是保暖。要是依然感到不夠暖，可把膠袋放在胸口及背部的位置，即是外層是風衣，內層是單車衣，中間放了膠袋，以保持身體溫度。

風衣

3. 手袖及腳袖

最後一個裝備是手袖及腳袖。夏天時，會使用防曬和透氣的物料，太陽不會直接燒傷皮膚；冬天時則會使用保暖的物料，例如抓毛和棉，用作保溫。單車手大多不會穿着長袖衣物，因為騎車時體溫上升，假如穿着太厚的衣物會令身體溫度過高。手袖腳袖及風衣的好處是單車手感到熱時，可以脫下這些衣物，摺疊起來放在單車衣袋內，需要時才再拿出來穿上。可見，單車衣物都是較薄及容易摺疊。

手袖

腳袖

單車手套

手套的主要目的是讓單車手使用時減輕手部手繭位置的壓力。單車手套的手背位置必會用透氣、排汗的質料製造；而大拇指的位置則有一幅吸汗的布料，使單車手在高速駕駛而令身體排汗時，能用該幅布抹汗。至於手掌的手繭位置，必定會加上厚墊，以減輕握住扶手時手繭的壓力。手掌的厚墊有兩個造法：第一，外面為皮革，裏面為棉花；第二，外面為皮革，裏面是矽膠，主要是由以上兩種物料所造。

2.4 一定要穿單車鞋嗎？

作者 李達成先生、趙志偉先生、冼德超先生

騎單車共有三個狀態，第一是休閒狀態，即一般市民騎車的狀態；第二是公路車的狀態，單車手或會使用公路車進行比賽；第三是山地單車的狀態，即是在山地、樹林和山坡向下衝的騎車狀態；至於騎車時是否需要使用卡踏（又名「Lock踏」），就以上三個層面而言，各有不同需要。

首先，初步簡介單車鞋的功能。為何騎車需要單車鞋呢？原因是單車上有個腳踏位置，一般是平面，讓單車手使用向下踩的力量推動單車；至於款式較新的單車，則會用到卡鞋和卡踏。卡鞋的鞋底有一鞋碼，以配合卡踏位置，鞋碼踏到卡踏位置時，便會將雙腳和腳踏鎖上，雙腳便會完全依附腳踏，使單車手騎車時雙腳可以貼着鏈餅。由此看到，一般騎單車只是左右腳向下由1時正方向踩向3時正方向，只依賴這角度來推動單車；假如使用鎖鞋騎車的話，雙腳鎖在單車上，那就是由正上方的12時方向開始使勁，一直用抽拉縮放的原理，帶動整個鏈餅的力量，亦即是雙腳輸出的力量會比不用卡踏的方法多3至4倍。

1. 騎休閒車

　　休閒車方面，11歲身高以下有輔助輪的小朋友車、摺車、淑女單車等車款稱為休閒車。亦可用速度界定休閒車，一般休閒車的速度為30公里以下。如果騎車時，渴望在某地方能騎得較快的話，如速度30公里以上，該車就不列入休閒車之列。

　　此外，在心態上而言，騎休閒車的地方大部分為單車徑、城市、公園等能騎單車的地方。休閒車前往的地方，一般有很多途人和其他道路使用者。如果在騎休閒車時使用卡踏，不太適合實際環境。假設在單車徑上騎休閒車，途中有不少道路使用者走過，如果使用卡踏的話，則較難突然「甩腳」煞車，容易跌倒造成意外。所以大部分休閒車，並不需要使用卡踏。另外，卡踏需要在高速狀態才能發揮優勢，速度約在30公里以上；30公里以下的慢騎，相比使用卡踏的方法，不使用卡踏會舒服得多。如果使用卡踏的方法，即高轉數踏法，部分休閒車根本沒有相應的波數配合高轉數踏法，所以並不適用。

2. 騎公路車

　　使用公路車一般是較為進階的單車手，對路面和單車的認識皆十分純熟，或者騎車技術已接近參賽水平。那麼，便可使用卡踏，好處是提升單車手速度。如果在高速狀態鎖住雙腿，突然錯轉了方向，能減低雙腳「甩腳」和發生意外的風險。而且，騎競賽級的公路車，需要專業技術，鍛鍊即時反應；如果使用卡鞋，把雙腳固定在卡踏上，能更得心應手，發生意外的風險亦較低。從科學研究角度而言，用卡踏騎公路車，比不用卡踏的公路車，速度快4倍或以上。主要原因是用卡踏騎單車，其騎車技術基本無法在一般單車使用。

　　另外，如果是新手的話，初接觸公路騎車時，想使用卡踏提升車速的話，要先學習平衡。至於如何鍛鍊平衡，一般會利用滾筒車台來鍛鍊平衡力。練習好平衡力後，便能裝上卡鞋和卡踏，以新的方法騎公路車。

3. 騎山地車

　　至於山地車，是否需要使用卡踏？其實山地車有兩個主要的騎車路線：第一種是越野單車（All Mountain），意思是騎單車進入樹林和上斜，然後在斜坡衝下來。另一種稱為落山單車（Downhill），意思指以貨車把單車送到山上，或者在山下搬運單車上山，再開始向下衝，當中有很多跳躍的動作，甚至會凌空而行。大部分玩越野單車的人都會穿卡鞋，因為騎車過程需要爬坡，多使用輕腳和高轉數的波段去爬坡和上斜，卡鞋正可以協助完成這動作。

　　山地車的卡鞋和公路車的卡鞋其實有所分別。山地車的卡鞋裝置較鬆，所以遇到突發情況，雙腳如果亂甩，其實能甩掉卡踏；反之，公路車的卡鞋，會把雙腳固定得很緊，不能移動。所以，越野單車會使用卡踏。至於落山單車的部分，因為落山單車的騎車時間不多，純粹坐上單車後從山坡衝下來，故此不需要鎖住雙腳來加速。

　　除此之外，落山單車很多時候會做「飛Jump」的動作，即是在斜坡衝下來，再利用一個跳台似的位置使單車飛起，需要雙腳和身體保持平衡以完成動作，所以雙腳有可能要離開腳踏。假如使用了卡踏，則較難「甩腳」。同時，落山單車下山時可能會遇到不少石頭等阻礙物，需要用腳來保持平衡。假如用了卡踏，會較難做到此動作。所以，在山地車而言，越野單車較常使用卡踏，落山單車則較少用。

落山單車「飛Jump」示範：

https://www.youtube.com/watch?v=RaHVhpCqpe8

2.5 公路單車手的專屬裝備

作者 李達成先生、趙志偉先生、冼德超先生

公路車單車手的裝備與一般人騎公路車的裝備大同小異，主要有以下幾項：

風鏡

　　一般公路車單車手會戴上風鏡，除了在戶外用來擋太陽防UV外，還可以用來保護雙眼。騎車時戴上風鏡，可以防止其他單車手騎車時彈出來的碎石和雜物，會彈到單車手眼中；亦可防止騎車太快時沙石飛到眼中、蜜蜂飛過時撞向雙眼，或前車的雨水及沙泥彈到眼中，影響騎車的穩定。不過，不是任何眼鏡都可用作風鏡，風鏡鏡片是膠片，而非玻璃，因為假如發生意外，玻璃會弄傷運動員。因此，所有運動眼鏡都會採用纖維膠來製作鏡片及鏡框。

頭盔

　　不論是比賽單車手，還是普通騎車的單車手都應該配戴頭盔。比賽級單車手的頭盔結構和設計會較為特別，採用的物料較輕，減低單車手比賽時的負擔。質量好的頭盔通風能力也較好，因為比賽時間可能很長，甚至長至一天。假如單車手配戴的頭盔不通風，頭部便會感到侷促。故此，好的頭盔應有良好的通風能力，又能保護單車手安全。騎快車的單車手，其頭盔會有破風設計，例如騎TT車的單車手會戴上淚滴型的頭盔。另外，頭盔多數會有一個網，用來壓平頭髮，單車手便不會因整天戴着頭盔，除下後頭髮豎起。

Lesson 1

出發前，
如何選擇裝備？
Lesson 2

Lesson 3

Lesson 4

Lesson 5

Lesson 6

Lesson 7

單車服和單車褲

運動員的單車服尺寸應該偏細，令衣服沒有多餘的皺褶位，減低比賽時的風阻。另外，需要使用透汗及排溫能力強的物料製造。設計方面，單車服後面有三個袋子，可以放入三個水瓶。因為單車手可能要比賽一整天，故依靠運動員與運動員之間互相遞水。擔當衝刺角色的單車手身上沒有任何負擔，要依靠領航員在不同時間給他遞水補給。

至於單車褲，單車手會穿上吊帶褲。因為騎車太激烈、動作太快時，普通的褲後面褲頭帶會鬆落，騎車或彎腰時便會露出臀部，因此單車手大多會選擇穿上吊帶褲。吊帶褲有一條繩帶讓單車手拉到至肩膀上，就像泳衣一樣，其特別之處是吊帶褲中間背部的位置有一個小袋子，用來裝放對講機。公路車單車手比賽時講求戰術，單車手與單車手之間，或與教練互相傳遞信息，大多使用對講機，故公路車單車手通常會穿上吊帶褲，褲後有一個小袋子。

單車手套

其實許多運動項目中，運動員都會配戴特別的手套，例如舉重時會配戴防滑手套。山地車比賽與公路車比賽時使用的手套有所分別。山地車單車手的手套是全指的，包裹整隻手指；公路車單車手的手套則是半指的。原因是山地車比賽的賽時不長，大約3至4小時，但公路車比賽的賽時最少3小時，甚至長達一整天。若長時間握着單車，手套內應有軟墊墊

以大拇指的毛巾布抹去汗水

57

着，排汗減熱的設計亦十分重要。公路車的手套中繭的位置會加有一層凝膠，減少單車手握着手把時壓力。另外手背的位置會使用最通風透氣的網料；手套大拇指的位置會使用毛巾布料製作，因為單車手額頭流汗時，便可以用大拇指的毛巾布抹去汗水，不會影響雙眼觀看路面。

單車鞋

公路車比賽時必須穿上單車鞋。穿單車鞋騎車的技巧證明單車手具備參加賽事的能力。假如不穿單車鞋騎公路車，單車手可以隨時在車群中下腳停車，後面的單車手便會趕不及停車，撞上前面的車輪。因此，比賽的單車手都會穿上卡鞋。另外，穿卡鞋會使騎車的速度快三至四倍，也會省力三至四倍。所以公路車單車手不穿卡鞋比賽，絕對比不上穿上卡鞋的單車手。而且，他們騎車的節奏亦會不同，從而導致意外。

單車手大多使用鞋套，多用於冬天。單車鞋本身有透氣的設計，鞋底前端會有個洞，讓空氣進入，而鞋跟及鞋面會透氣，令單車手騎車時雙腳不會出汗或者因焗着而產生濕氣。不過，冬天時入風的情況會使雙腳冰冷，可能會影響騎車的速度。所以會使用鞋套，包裹着單車鞋，替雙腳保暖。除了保暖功能外，鞋套還有另一個重要的功能。由於單車手每天都要穿着單車鞋練習，過程中單車鞋會沾滿泥沙，下雨時，又會弄濕單車鞋。假如沒有鞋替換，而第二天又要比賽，會影響單車手發揮，所以使用鞋套可以防止弄髒單車鞋。

2.6 調教山地單車的避震是一門藝術？

作者 周泳豪先生

一般休閒單車都是靠充氣輪胎與軟座墊提供些微避震效果，可是這些配置有時不足以應付崎嶇的山路。由於山地單車行走在非人工路面和不平坦的地方，單車的舒適、穩定和操控程度都是要正視的問題。山地單車的設計會着重避震系統和專注克服環境、地形問題；當中會再細分更多類型，以不同的車種和配置去應付各種騎乘環境。

避震作用

◆ 單車在凹凸不平的地上行走時，車輪的震動會傳至單車手身上。避震系統就能吸收這些震動，從而降低騎車時顛簸路面所帶來的不舒服感。

◆ 假如路上有較大的障礙物，例如石頭、樹枝、坑洞等，車輪碾過障礙物時，有可能會左右晃動，而路面落差帶來的衝擊亦可能會令單車在一瞬間失去控制，甚至反車。避震系統就擔當起吸收衝擊的角色，衝擊由車輪傳到車身和單車手身上之前，盡可能降到最低，避免影響單車操作。

◆ 避震系統能保持車輪貼在地面上，加強抓地力，確保單車手能繼續操控單車，進行加速、減速、轉向等動作。

◆ 避震系統主要分為「前叉」與「後避震」，而避震器的彈性介質又分為「線圈彈簧」（Coil Spring）和「氣壓式彈簧」（Air Spring）。彈性介質指的是當避震器受壓時，產生抵抗下壓力量，並使避震器回彈的彈性物體。

1. 前叉

前叉的主要構造：彈簧前叉和氣壓前叉在構造上有少許不同：

	壓縮前	壓縮後
線圈彈簧	△t □ 內管 ■ 外管 □ 活塞	△t □ 內管 ■ 外管 □ 活塞
氣壓式彈簧	氣室 △t □ 內管 ■ 外管 □ 活塞	氣室 △t □ 內管 ■ 外管 □ 活塞

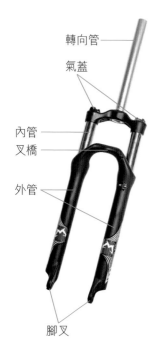

轉向管
氣蓋
內管
叉橋
外管
腳叉

　　彈簧的硬度，是用彈性系數（Spring Rate）來形容。彈性系數代表受力與變形程度的比例。愈硬的彈簧，愈難變形。避震行程（Travel）就是指避震器所能作動的長度（△t）。一般山地單車的避震行程約應有10厘米或以上。

◆ 線圈彈簧：線圈彈簧的彈性系數是固定的。所以彈簧前叉的受壓與行程是線性的。

◆ 氣壓式彈簧：利用空氣作彈簧。氣壓前叉的受壓與行程是非線性的。這種前叉越受壓縮，它抵抗壓縮的力量會愈強。好處就是比較輕，而且如果需要不同的硬度，只需要調較氣壓高低就可以了。相反，線圈彈簧式前叉則要更換不同硬度的彈簧。

2. 後避震

　　有些山地單車只有前避震而沒有後避震；而全避震單車則包含前後避震。後避震跟變化不多的前叉不一樣，有很多種類，例如有固定轉點式和虛擬轉點式，然後又再細分為不同形式的避震車架，而每種車架各有長短。

　　由於後避震系統的變化很多，所以選擇時也要多花一點心思，要在踩踏效率、避震性能、操控性、煞車效率等各方面取得平衡。但車架結構不是愈複雜就愈好，因為重量跟價錢也有可能隨之而提高。總括而言，單車手應該對應騎乘環境而選擇一台擁有合適避震系統的單車。

Lesson 1

出發前，
如何選擇裝備？
Lesson 2

Lesson 3

Lesson 4

Lesson 5

Lesson 6

Lesson 7

避震調較

選擇單車後，先說一些比較基本的單車避震調較技巧。調較避震是重要的步驟，否則之後的路程會「諸事不順」。

第一步，先坐上去。單車是用來騎的，單從外表觀察永遠不會知道那台單車是否適合自己。進行預壓（Preload），即是預先加壓彈簧，使避震器在未受其他外力（靜止）情況下壓縮，以對應之後騎車時的各種情況。

單車手坐上單車後，避震系統的彈簧會因單車手的體重而壓縮，而下沈量（Sag）就是指避震器因單車手體重而壓縮的行程量。一般來說，下沈量應為總行程的三分之一。如果下沈量小於三分之一，彈簧就是太硬，不能有效利用行程，避震效能就會降低。此外，如果下沈量不足夠的話，遇到坑洞時，避震器有可能不夠行程去伸長，導致避震效果欠佳。如果下沈量大於三分之一，彈簧就是太軟。若果太軟，遇上地形大落差時，有可能會觸底（Bottom Out）。觸底就是指避震器用光所有的行程，而無法再壓縮。觸底時不但會把衝擊會直接傳到單車手身上，還有可能損壞避震器。

之前提到的踩踏效率，就是形容單車手踩下單車踏板時的力量轉換成單車前進力量的效率。如果效率低，就算很用力去踏，單車仍然走得不快；騎單車自然變成了「吃力不討好」的事。

那為甚麼避震系統會影響踩踏效率呢？試想一下，當單車手騎着全避震的山地單車時，車架會因單車手騎單車時的動作而升降，而避震系統就會跟着壓縮下沈與回彈。單車手的施力愈大，車架上下動作則愈明顯。變相就是避震系統會抵消了單車手的踩踏力道，同時亦減少了避震系統的行程。所以，有全避震系統也未必是一件好事。

　　單車避震是相當廣泛的領域，單是避震系統的設計與調較已是一門藝術。預壓的程度、阻尼的設定、避震行程的多少、彈簧的硬度等等配置都沒有一條永遠的公式，要在各方面取得平衡。雖然單車避震沒有統一的標準，令人難以捉摸。但只要多學、多試，憑着人車合一，在充滿未知之數的環境下克服種種障礙，當中所帶來的刺激與成功感，正正就是山地單車的吸引之處。

小知識

　　避震器中的彈簧壓縮，回彈得太快的時候，有可能會導致反車。所以有些避震器中會加入阻尼器（*Damper*），以油壓阻尼來減慢彈簧壓縮或回彈的速度。

2.7 單車手也用矯形鞋墊？

作者 黃家豪先生

世界級單車手使用矯形鞋墊是很普遍的事情，目的是治療和預防各類型勞損痛症。普羅大眾對「矯形」一詞的認知就是「改變身體形狀」的功效。其實矯形器更多用於「改善關節角度及其活動能力」。鞋墊為矯形器的一種，正正是改善身體力學問題的利器。

扁平足跟高弓足是相反的概念嗎？

矯形師看足部力學的方式，跟傳統分辨腳形的看法不太一樣。傳統認為足部可分為高弓足、正常足和扁平足，利用足印壓力分析足部着地的面積多少而分類：高弓足着地面積較少；扁平足着地面積較多。

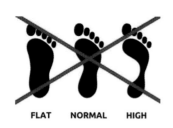

FLAT　　NORMAL　　HIGH

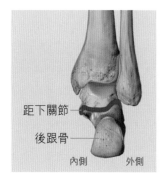

距下關節

後跟骨

內側　　　外側

不過，足弓離地高或低其實並不一定會引致力學問題，反而足部於未受力時跟受力後的足弓高度變化，才是引起問題的原因。大多數人，無論本身的足弓是高或低，受力後都會出現足弓下陷的情況。因為足部承受體重的關節（距下關節）總是位於腳跟骨的內側，所以足部受力時總會引起向內下陷的扭力，形成足弓下陷。在後方觀察會看到後跟骨向外翻的現象，故稱為「足外翻」。很多高足弓的人也有嚴重的「足外翻」，因為未受力時的足弓其實更加高。很多這類型的人士如果只依賴足印壓力分析，便會以為自己有「足內翻」，出現誤判的情況。其實「足內翻」，即是站立時足弓要比未站立時更高，距下關節需要位於後跟骨的外側才會出現。這種情況多數是因為嚴重受傷或先天骨骼變形，是相當罕有的情況。

足外翻如何影響下肢排列？

足外翻的出現會引發小腿骨內旋或外展的
現象，從而令膝關節角度向內旋轉及靠攏。於
半蹲的情況下可以清楚看到膝部方向跟腳掌的
方向出現偏歪。這種稱為「Knee-in, Toe-out」
的情況，是眾多運動創傷的因素之一。足弓下
陷的幅度越多，引發的膝部內旋現象會越大。

如果出現了膝內旋的情況，踩踏時膝部會
向單車車架靠攏，膝部與足部會出現垂直偏
移。偏移的角度有機會令向下踩踏的力量流
失，甚至令膝關節的肌肉、韌帶、筋膜不正常
拉扯，引起各種膝痛問題。例如本書另一篇章
節提到的髂脛束綜合症，便與膝內旋有着莫大
關係。

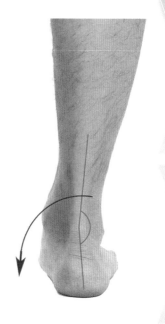

理想姿勢

膝內旋

正常的排列方式應為如何？

　　如果足弓要處於力學正常運作的狀態，後跟骨的角度需要與小腿骨成一直線。足部處於這個狀態，膝關節的方向自然會指向腳掌的方向，形成平行。踩踏時，膝部與足部會成一垂直線，令每次踩踏都能垂直進行。如果先天的足部力學有不同程度的問題，便需要透過矯形鞋墊達致以上效果。

錯誤姿勢

正確姿勢

訂製矯形鞋墊的分類

研究指出足弓高度只要降低4毫米，便會令足部主要關節活動幅度大幅下降19%。所以，矯形鞋墊要達到最佳功效，必需套取足模製作。情況有如配製近視鏡片，需要十分準確才可以達到滿意功效。

矯形鞋墊分為兩大類：簡單至緊貼足底形狀，以平均分佈足底壓力的「適應性鞋墊」；以及提供強大承托力，改變膝關節及髖關節的「功能性鞋墊」。

◆ 適應性鞋墊

功能比較簡單，主要目的是增加腳底接觸面，卸減前掌壓力。配製的時候以足部半受力的方式套模，或直接將鞋墊物料焗軟按壓在足部之下製成。對於簡單的前掌壓力過多問題，有很不錯的效果。不過由於足部形態半受力時已經變形，並不足夠改善膝關節角度偏歪的情況。

◆ 功能性鞋墊

　　除了可以卸減前掌壓力，更可改變膝、髖關節角度。所以，功能性鞋墊需要準確套取雙腳未受力、兼且控制至最正常排列的狀態，配以能抵抗巨大下壓力而不會變形的堅固物料，才能製作出最適合的足弓承托，以改善踩踏姿勢。

　　如果只想解決前掌麻痺，適應性鞋墊已經很足夠。但若是涉及踩踏發力或膝關節痛症等問題，適應性鞋墊便不能夠解決問題，需要以訂製功能性鞋墊為治療工具，改善姿勢。

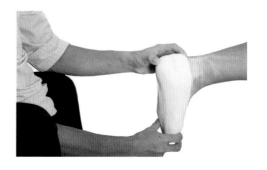

Lesson 3

如何讓身體做好

騎行的準備？

3.1 單車運動員 需要甚麼體適能？

作者 李韋煜博士

很多人都希望透過不同訓練可以提升單車專項的體適能，從而提升運動表現。究竟騎單車需要哪一類型的體適能？心肺耐力、肌力，抑或肌耐力？柔韌度、靈活度、平衡力、速度，還是爆發力？

答案是以上皆是。因應參加的比賽類型和距離，當中一些原素會比較重要。場地賽單車手在身型上和公路賽單車手有不少差別，以至他們的心肺耐力和爆發力亦不一樣。打個簡單的比喻，場地單車比賽的距離和時間比公路單車比賽的短，所以場地單車手要有較好的短途爆發力和速度。因此，兩者平日的訓練內容會有所不同。

對單車初學者較為重要的體能元素

1. 心肺耐力

進行單車訓練前先要知道訓練哪一個能量系統，才能夠針對目標編排訓練，以達到最佳訓練效果。運動生理學的教科書告訴我們，人類運動時，身體主要有三種能量系統供應能量到肌肉，以應付不同運動強度和運動時間。其中兩個為無氧系統，只有一個是有氧系統。原則上，沒有能量系統會獨立運作。換言之，慢速低強度訓練時，身體主要運用有氧能量系統，也有運用另外兩個無氧系統，不過使用比例較低。例如，長距離單車比賽中，有90%的能量來自有氧系統。故此，無需花太多時間在高強度無氧系統訓練。

2. 提升無氧閾值

要改善有氧能量系統，單車手最需要提升無氧閾值（Anaerobic Threshold）。做運動的時候，身體會產生乳酸，同時乳酸會被分解。運動強度達到某一個強度時，產生乳酸的速度比分解的速度快，乳酸便會積聚在身體。結果，運動員因此感到四肢沈重疲累、心跳加速、呼吸急速，以致無法保持運動強度，影響運動表現。這個運動強度便是無氧閾值，即是乳酸堆積的臨界點。運動員希望透過特定強度的運動訓練提升無氧閾值，令自己可以持續在更高的強度下比賽。訓練詳情可參考以下的目標心跳訓練區域。

3. 監測運動時的心跳

汽車有轉速計來偵測引擎轉速，幫助駕駛者調整油門及排檔到較佳的駕駛狀態，避免引擎在高速下運轉過久而損壞。同樣地，運動員使用心跳監控儀器，監測運動強度。運動員可根據在實驗室或場地心肺耐力測試，了解自己的目標心跳訓練區域（Target Heart Rate Training Zone）。以下是一個較為普遍使用的場地測試：

如何讓身體做好
騎行的準備？
Lesson 3

20分鐘無氧閾值測試
（20-minute Anaerobic Threshold Test）

◆ 在單車上熱身10至20分鐘。

◆ 進行數次高強度間竭性的短途衝刺，衝刺和休息的比例為一比一，例如30秒衝刺和30秒休息。

◆ 以最佳速度不間斷地高強度運動20分鐘。切記，全程均速是此測試最重要的元素，故此不要開始時踏得太快。

◆ 記錄這20分鐘的平均心跳。這個心跳便是你的無氧閾值心跳。根據以下圖表設定訓練的目標心跳訓練區域。

◆ 在單車上進行冷卻運動10至20分鐘。

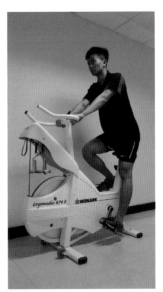

目標心跳訓練區域			
訓練區域	訓練難度	訓練目標	目標心跳
第一區域	輕易	熱身	60-70% 的無氧閾值心跳
第二區域	中等	提升帶氧能力	70-90% 的無氧閾值心跳
第三區域	困難	提升無氧閾值	90-100% 的無氧閾值心跳
第四區域	非常困難	改善有氧運動經濟值	100-110% 的無氧閾值心跳
第五區域	極度困難	提升速度和爆發力	110% 的無氧閾值心跳

範例一：

　　小明的無氧閾值心跳為150，第一區域的目標心跳為每分鐘90至105下，第二區域的目標心跳為每分鐘105至135下，第三區的目標心跳為每分鐘135至150下，第四區域的目標心跳為每分鐘150至165下，第五區域的目標心跳為每分鐘165下至小明的最高心跳。

　　如果小明希望改善心肺耐力，一般會在第二和第三區域進行，目標是提升有氧能力和無氧閾值。從運動測試中找到目標心跳訓練區域後，便可更有效和準確地訓練有氧系統。

　　了解自己的目標心跳訓練區域後，便可以根據訓練目標而定下訓練方法、強度和目標心跳。認識了這些基本理論後，大家亦不難理解其他章節提及到的訓練方法，例如，長短課（Long Slow Distance，簡稱LSD）、間竭訓練、配速跑等等。

3.2 騎單車是有氧運動？

作者 雷雄德博士

　　一向很多健康運動指引，都建議市民進行一些有氧運動，例如跑步、游泳和騎單車。到底騎單車真的是有氧運動嗎？

　　在生理學上，我們可以利用運動強度來界定有氧運動和無氧運動，運動強度高於約80%，是無氧代謝；低於80%則屬於有氧代謝。一般單車徑上進行康樂性質的騎單車，運動強度只維持在中等水平約50%至70%，所以以有氧代謝為主，對促進血液循環系統、提升身體免疫力以及整體健康，均有良好的效果。相反，在單車場進行的速度比賽，選手竭力去踏，接近運動強度的極限，這樣的踏法就不是有氧運動，而是無氧運動了。

Lesson 1
Lesson 2
如何讓身體做好
騎行的準備？
Lesson 3
Lesson 4
Lesson 5
Lesson 6
Lesson 7

3.3 六個騎單車前應該做的動態伸展熱身運動？

作者 李韋煜博士

　　無論參加高水平單車比賽，或是休閒地騎單車，運動前都需要做熱身運動，運動後亦需要做冷卻運動。單車徑上，不難看見大家有不同熱身方法，究竟誰對誰錯？

1. 為甚麼要熱身？

　　熱身運動除了能夠為訓練作心理和生理準備，以提高運動表現，亦可以預防運動受傷。這絕對是不可缺少的一環。

2. 熱身運動可提高運動表現？

　　打個比喻，天氣寒冷時，駕車人士會先開動汽車引擎數分鐘，提升汽車零件溫度，令引擎行駛時更順暢。熱身運動的其中一個重要目的是循序漸進地提升心跳，使空氣中的氧氣能透過血液運送到將要運用的肌肉。另外隨着體溫上升，騎單車用到的肌肉和關節活動能力亦相應增加，更快為即將進行的比賽或訓練作好準備。如果即將接受高強度單車訓練，適當的熱身運動，例如持續4至8秒約八至九成的全速騎行，能傳送信息到大腦，刺激神經肌肉系統。

3. 訓練和比賽也需要心理準備嗎？

　　體適能專家會建議做各項運動訓練和比賽前，都應該進行有良好計劃的熱身運動。重要比賽前，運動員可以投放自己的注意力在熱身運動的細節，紓解比賽的壓力。過大的比賽壓力會令肌肉崩緊，浪費體力，影響比賽表現。

4. 熱身運動需要做多長時間？

　　運動和比賽的強度越高，所需的熱身時間越長。一些場地比賽的運動選手，可需要1小時或上的熱身時間！只是休閒地騎單車的話，熱身時間可減至10至20分鐘。冬天寒冷的環境下，相應的熱身時間亦會增加。

5. 熱身運動應包括伸展動作嗎？

　　近年來，運動界的科學研究已經指出靜態伸展未能預防運動受傷，亦不能提升運動表現。另外，亦有研究指出30秒或以上的靜態伸展會為爆發力表現帶來負面影響，所以建議使用動態伸展作熱身運動。

6. 騎單車前應做甚麼動態伸展動作？

　　騎單車主要會運用到的肌肉包括核心肌、小腿肌肉、大腿內收肌、股四頭肌、肱三頭肌、背部豎脊肌、斜方肌、頸夾肌、手臂三角肌、三頭肌、臀中肌和臀大肌等。這些肌肉和髖部、膝部、足踝等關節都需要足夠熱身。

如何讓身體做好騎行的準備？

Lesson 3

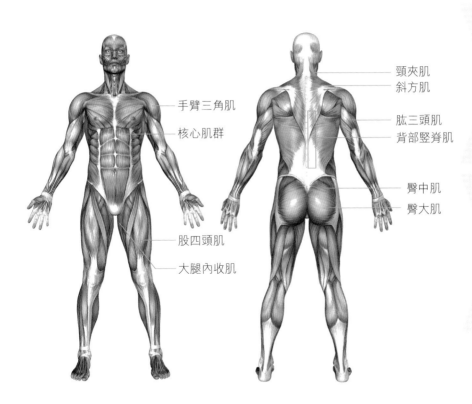

手臂三角肌

核心肌群

股四頭肌

大腿內收肌

頸夾肌
斜方肌

肱三頭肌
背部豎脊肌

臀中肌
臀大肌

熱身運動

　　熱身運動分為兩部分：第一部分是動態伸展動作，第二部分是單車上的熱身運動，共10至20分鐘。

第一部分：動態伸展動作，約5至10分鐘。

動作示範

原地提膝跑

組數：**2-3**　　次數：**10-15**

動作要領 眼望前方，挺起胸膛，手臂作前後鐘擺，大腿抬高與地面成水平。

動作示範

四頭肌動態伸展

組數：**2-3**　　次數：**10-15**

動作要領 站立，眼望前方，左手伸直舉起，右膝後屈，然後用右手抓穩右足踝，把腿向後拉，直至右大腿前方微微牽拉為止，維持2至3秒，還原至起始動作後再重複做另外一邊。

動作示範

膕繩肌動態伸展

組數：**2-3**　　次數：**10-15**

動作要領　站立，右腳腳跟向前踏，俯身將雙手向右腳腳跟方向掃，直至大腿後肌微微牽拉為止，回復至站立位置再重複做另外一邊。

動作示範

腿擺動

組數：**2-3**　　次數：**10-15**

動作要領　站立，右手扶欄杆或單車，伸直左腳作前後鐘擺，直至大腿前後肌群微微牽拉為止。輪流左右重複。

Lesson 1

Lesson 2

如何讓身體做好
騎行的準備？
Lesson 3

Lesson 4

Lesson 5

Lesson 6

Lesson 7

動作示範

抬手半蹲

組數：2-3　　次數：10-15

動作要領　站立，兩腳分開與雙肩距離相約，腳尖微微向外，雙手抬起，保持挺胸收腹，開始時身體向下降，臀部向外推，再屈膝成半蹲姿勢，最後伸直雙腿還原至原本位置。

動作示範

變種羅馬式硬舉

組數：2-3　　次數：10-15

動作要領　站立，兩腳分開與雙肩距離相約，腳尖微微向外，雙手高舉在耳旁，拇指向上，保持挺胸收腹，開始時臀部向後坐，膝蓋微微屈曲。俯身向前直至身體與地面成水平。過程中要收緊腰部肌肉，保持筆直。最後使用臀部及大腿後肌還原至站立姿勢。

第二部分：單車上的熱身運動，約5至10分鐘。

　　專業運動員會用訓練台作熱身運動，因為安全又能穩定控制強度。休閒騎單車的朋友可以騎在單車上，以較慢的速度作第二部分熱身運動。無論是在訓練台上或在路上作第二部分熱身運動，剛開始使用較輕的齒盤，以每分鐘80至90左右的轉速，輕踩數分鐘，再漸漸提高轉速及檔位踩數分鐘。進階的單車手，其間可作2至3次、10至15秒的衝刺，用小盤以高轉速的方式進行。

3.4 騎單車可以練氣嗎?

作者 陳宇欣小姐

要解答「騎單車可以練氣嗎?」這問題,先要了解「好氣」的定義,大多數人會説:「不就是可以上樓梯和走路快一點而不氣喘嗎?」那麼問題應該改成:「騎單車可以改善心肺功能嗎?」

要談心肺功能,先要了解「攝氧量」(VO_2)。如果把人類比喻為汽車的話,最大攝氧量(VO_{2max})就是摩打的馬力,馬力越大即代表可輸出的功率越大,有能力進行越高強度的運動。一個普通的30至39歲成年男性的最大攝氧量約為每分鐘39至48毫升/公斤體重,女性則為每分鐘30至38毫升/公斤體重;而專業的男性單車耐力運動員可達到每分鐘62至74毫升/公斤體重,女性則可達每分鐘47至57毫升/公斤體重。

譬如説,以每5分鐘1公里的速度跑步,所需的攝氧量約為每分鐘44毫升/公斤體重。對於不常運動的成年男子來説,已經非常接近其最大攝氧量了。在這個運動強度下他會覺得非常辛苦,不停喘氣,手腳感到酸軟無力,不能跑太久。不過,對於一個訓練有素的男單車運動員來説,大約只是其最大攝氧量的60至70%,屬於低至中等強度,在這個運動強度下他會覺得頗為輕鬆,不但可跟同伴談話,更可以維持一段很長的時間。

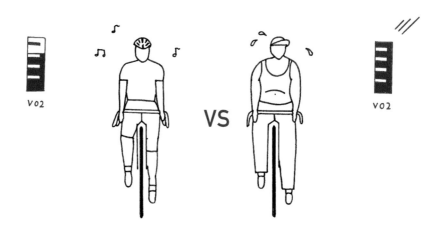

非運動員及個別運動項目運動員之最大攝氧量（毫升/公斤體重）			
	年齡	男性 之最大攝氧量	女性 之最大攝氧量
非運動員	10-19	47-56	38-46
	20-29	43-52	33-42
	30-39	39-48	30-38
	40-49	36-44	26-35
	50-59	34-41	24-33
	60-69	31-38	22-30
	70-79	28-35	20-27
運動員			
棒球/壘球	18-32	48-56	52-57
籃球	18-30	40-60	43-60
單車	18-26	62-74	47-57
獨木舟	22-28	55-67	48-52
體操	18-22	52-58	36-50
野外定向	20-60	47-53	46-60
壁球	20-35	55-62	50-60
賽艇	20-35	60-72	58-65
足球	22-28	54-64	50-60
游泳	10-25	50-70	40-60
跑步	18-39	60-85	50-75
	40-75	40-60	35-60

節錄及翻譯自 Wilmore and Costill（2005）

Lesson 1

Lesson 2

如何讓身體做好
騎行的準備？
Lesson 3

Lesson 4

Lesson 5

Lesson 6

Lesson 7

攝氧量除了取決於先天因素外，後天訓練也能提升一定程度。要注意的是，不少人受傳統思想影響，認為只有越辛苦、強度越高的帶氧訓練，例如衝刺跑或間歇訓練等，才能提升心肺功能，結果因為辛苦，堅持不了多久就放棄了。其實，即使強度較低的長距離耐力訓練，也可改善肌肉輸送氧氣的能力，減少乳酸生產，加速清除乳酸，從而提升帶氧能力。同時，帶氧運動能令身體更有效使用脂肪作帶氧運動的原料，增加心臟的每搏輸出量、肌肉的微絲血管和線粒體（Mitochondria）的密度。

研究指出，沒有運動習慣的成年人，每星期做3次低至中等強度的帶氧運動，每次20至35分鐘，維持8星期後，其最大攝氧量能提升9%。一般大眾未必有機會在運動前進行科學測試，運動強度可以憑自身感覺決定，例如進行低至中強度的帶氧運動，感覺是可以一邊做運動一邊輕鬆交談，若辛苦得不能交談，即是已經超過中等強度了。

至於選擇哪種帶氧運動，主要考慮個人興趣、能力、器材等因素。單車運動是連續而低撞擊的運動，室內單車所需的技術較少，又不受天氣環境影響，因此很適合初學者。進階人士則可考慮到戶外騎單車，改善身體平衡及協調能力，若單車裝上GPS和感應器等，更可輕鬆記錄自己的訓練進度。

小知識

恆常參與單車運動，能有效改善心肺功能。我們應按照個人能力及訓練經驗，設計合適的訓練計劃，以達至最佳訓練效果。

3.5 騎單車的前、中、後期，如何補充能量？

作者 潘德翹先生

單車運動類型繁多，其體能要求也有所不同。一般業餘單車手每周的訓練量由100至300公里不等，而職業單車手更可達1,000至2,000公里，另加上其他體能訓練。恰當的飲食計劃，不但有助提供充足體力完成訓練，更有助改善體型，提升比賽成績。近年亦興起單車旅行，供應充足營養對於完成長期騎乘更是一大關鍵。

平時及騎單車前的飲食

不同單車運動有不同的營養需要，平日的飲食計劃應配合單車手的訓練，如強度、長度、賽季階段等因素，以及自身因素如性別、年齡、體重等。發育期的青年和重訓練量的單車手會需要較多熱量（可以超過3千卡路里），以提供足夠能量維持訓練和生理需要。建議主要以碳水化合物提供能量，碳水化合物經過消化代謝，可以維持血糖平穩，防止血糖下降而導致疲倦。

研究顯示，進食足夠碳水化合物能提升最大攝氧量，加強集中力，提高速度、速度耐力和耐力，更有效地達到訓練目的。對於時間超過90分鐘的長途比賽，單車手可以考慮「儲碳」，即使用醣原負荷法（Carbo-loading）。這方法建議運動員在比賽前的1至3天減少訓練量，讓生理系統和肌肉在比賽前得到足夠休息，同時按個人體重適量進食額外碳水化合物。

此外，平時訓練期間單車手可以多模擬比賽期間的飲食。筆者見過一些單車手比賽時才發覺單車水壺用不了或進食能量糖漿時摔車等尷尬場面，事前準備絕對有助避免這些情況發生。

騎單車期間

　　騎單車期間的營養需要與騎車時間有關。例如路程較短的的本地單車賽，基本上喝水便可以了；而長途比賽，單車手應按個人的預計完成時間，計劃途中飲水和補充能量，食物應以含適量糖分或碳水化合物、礦物質和水分為佳，並且要不易變壞，例如運動糖漿等，以免身體出現脫水、抽筋等問題。如果路程非常長的話，也可以考慮容易切細進食的食品，例如果醬三文治、熟吞拿魚或蟹柳飯糰、運動能量棒等。一般來說運動員連續騎車到2小時左右會感到體力驟降，甚至頭昏眼花，因為體內碳水化合物儲備（醣原及血糖）已經差不多用盡，又未能有效地使用脂肪產生能量。緊記不要騎車直至出現這些問題才進食，因為人體需要一定時間來消化和吸收營養。

騎單車之後

　　運動過後攝取營養有助迅速恢復狀態，對於連續騎乘多日尤其有幫助。長時間運動對肌肉的破壞，會在運動後1小時內加深。飲食應要補充水分和營養流失，修補自由基對身體的損害。騎車後，建議先做些伸展運動放鬆，然後儘快進食。延遲進餐或食物營養不足，有可能分解肌肉的肌蛋白來補充能量。建議攝取足夠又易消化的碳水化合物，以加快恢復醣原，補充體力；蛋白質有助修復受損的肌肉和支持肌肉生長；抗氧化物能消除自由基，有助減低疲勞感；水分能夠運輸營養素至身體各部位，協助排走代謝廢物，加速恢復。

　　單車手按照以上的飲食建議應足以應付大部分單車旅程和比賽，但如果遇上比較特別的情況，如身處高原、極度炎熱或寒冷的環境，或單車手本身患有糖尿病等慢性疾病，建議請教註冊營養師協助制定專屬個人的飲食及營養補給計劃。

Lesson 1

Lesson 2

如何讓身體做好
騎行的準備？
Lesson 3

Lesson 4

Lesson

Lesson

Lesson

訓練和比賽的碳水化合物攝取指引

少於30分鐘	不需進食
30-75分鐘	視乎強度，可以少量進食
1-2小時	每小時最多30克
2-3小時	每小時最多60克
> 2.5小時	每小時最多90克（果糖及葡萄糖組合）

單車運動員在不同條件下的體液流失

	性別	強度 / 速度	流汗速率 (L/h)	環境溫度 (℃)	相對濕度 (%)
1小時	男	50% VO_{2max}	0.39	25	53
2小時	男	50% VO_{2max}	1.25	30	-
3小時	男	60% VO_{2max}	1.21	31	22
40公里	女	30 公里/時	0.75	19-25	-
	男	32 公里/時	1.14	19-25	-

註：VO_{2max} = 最大攝氧量

3.6 如何訂立一個科學化 單車訓練計劃？

作者 呂劍倫先生

運動科學是結合理論與實踐的專門學科。透過科學訓練，使訓練可持續及有計劃地進行。香港的單車發展隨着世界單車熱潮，越來越多業餘單車手加入訓練行列，但大部分業餘單車手只是隨意練習，沒有方向，又達不到訓練目標，卻弄來傷患處處。

科學訓練包括訂立目標、提升心理質素、生理上的適應及改變、補充營養等等。生物學上，當人進行運動訓練時，隨之會產生身體負荷，刺激並提升生理能力（Physiologic Ability）。當負荷超過身體的承受範圍，生理能力會隨之下降，甚至會倒退。因此，適當的訓練和休息才能有效地提升運動能力。

超量補償原則

❶ 訓練刺激（Stimulus）：心率可用作為強度的標準，量度訓練量和強度對身體產生的負荷，心率高強度大，心率低強度小。另外，科學訓練可以利用FITT公式來訂定基本訓練計劃：Frequency（訓練頻率）、Intensity（訓練強度）、Time（時間）及Type（種類）。

❷ 訓練頻率：每星期的訓練次數。初階的業餘單車手訓練次數可維持3至5次，中階可維持6至10次，較有經驗的業餘單車手訓練次數更可達每周10次或以上。

❸ 訓練強度：心率的高低強度。低心跳、長時間，用作耐力訓練；高心跳、短時間，用作爆炸力訓練。

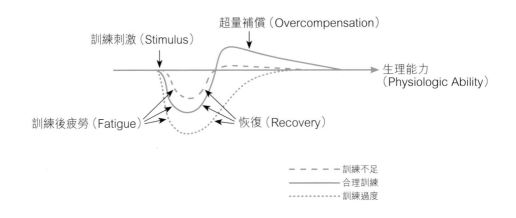

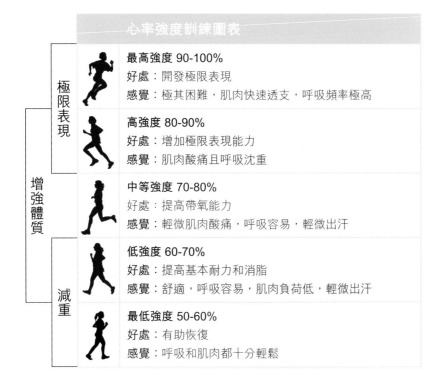

心率強度訓練圖表

增強體質	極限表現		**最高強度 90-100%** 好處：開發極限表現 感覺：極其困難，肌肉快速透支，呼吸頻率極高
			高強度 80-90% 好處：增加極限表現能力 感覺：肌肉酸痛且呼吸沈重
			中等強度 70-80% 好處：提高帶氧能力 感覺：輕微肌肉酸痛，呼吸容易，輕微出汗
	減重		**低強度 60-70%** 好處：提高基本耐力和消脂 感覺：舒適，呼吸容易，肌肉負荷低，輕微出汗
			最低強度 50-60% 好處：有助恢復 感覺：呼吸和肌肉都十分輕鬆

❹訓練時間：每節訓練的時數。時間和強度是相負相乘的，強度愈高，維持的時間愈短，用作提升速度；強度愈低，維持的時間愈長，用作耐力訓練。

❺訓練種類：耐力、速度、技術、柔軟度、力量、平衡、反應等等。透過不同的訓練方法達到效果，如耐力訓練、間歇訓練、專項體能訓練等等。

❻訓練後疲勞（Fatigue）：身體經過刺激後的反應。當中的反應有不同程度：

- 負荷較小 → 疲勞輕度 → 進步緩慢
- 負荷適中 → 疲勞中度 → 進步顯著
- 負荷過量 → 疲勞過度 → 進步停滯

❼恢復（Recovery）：身體在疲勞下自我修補的機制，使身體回復至正常的體能水平。同時配合適當的輔助，能夠有效率地提升恢復速度：

- 充足的睡眠
- 伸展運動
- 營養補充
- 按摩
- 冷熱水浴

❽超量補償（Overcompensation）：身體恢復到正常水平之後繼續上升的現象。體能透過超量再生，達至更高水平。身體可以適應更大的負荷。下一個訓練循環，可以增加負荷，提高對身體的刺激。

　　單車訓練是負荷和恢復不斷交替的過程。業餘單車手起初運用超量補償原則時會有明顯的效果，但時期長了，訓練會變得複雜，需要更多運動科學的知識和教練的專業意見。

3.7 單車上的高強度 間歇訓練法

作者 陳振坤先生

有沒有覺得自己騎單車的體能表現到了樽頸位？想增加訓練量但沒有時間？那麼可以嘗試在單車上進行高強度間歇訓練。

高強度間歇訓練（High Intensity Interval Training, HIIT）是指單車手重複高速衝刺，而高速衝訓練之間會有靜止休息或低強度馳踩作緩衝。例如全速衝刺20秒，接著慢踩40秒，重複10次。研究指出，相比持續訓練，這種訓練可以以較少訓練量得到較大進步。因為高強度訓練除了可以刺激心肺功能進步，還可以增強肌肉內代謝控制，從而提升攝氧能力。

另外，HIIT亦會增加騎單車後24小時內的新陳代謝，促進體內脂肪燃燒。最後，HIIT有助降低血壓，改善膽固醇及胰島素敏感度。所以HIIT是有效率及有多種得益的訓練方法，但不是人人都適合進行。

如果有以下問題或習慣，建議先咨詢醫生意見，看看是否適合進行HIIT：

◆ 結構性骨骼系統疾病（如腰背痛、坐骨神經痛、膝痛等）

◆ 心臟病

◆ 高血壓

◆ 糖尿病

◆ 靜態生活模式

◆ 家族成員有心臟病

◆ 吸煙

◆ 膽固醇不正常

以下有兩個訓練例子以供參考：

初階： 每星期1次，10組 ×1分鐘高強度馳踩，1分鐘休息，高速馳踩心率達90%。

進階： 每星期3次，4至6組 ×30秒全速馳踩，4.5分鐘慢速馳踩。

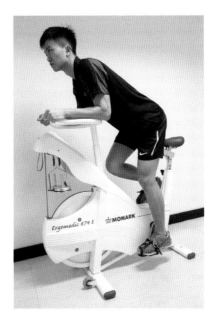

Lesson 1

Lesson 2

如何讓身體做好騎行的準備？
Lesson 3

Lesson 4

Lesson 5

Lesson 6

Lesson 7

3.8 破風十式是甚麼?

作者 莊子聰先生

破風十式

揉合臨床經驗、生物力學、解剖學和普拉提等經驗創新研發。

「破風十式」作用：

◆ 激活核心肌群

◆ 解決傷痛問題

◆ 提升畫圓技巧

整個「破風十式」分3部分：

◆ **脊椎潤滑劑**

加強騎乘時候盤骨控制和左右平衡力，減低頸痛、腰痛和手麻痺的風險。

◆ **啟動引擎**

喚醒沈睡了的臀部肌肉，提升力量，幫助衝刺，減低膝蓋痛風險。

◆ **啟動上下核心**

增加爬坡時候的持久力，增強畫圓穩定程度。

脊椎潤滑劑：瑜伽

一、眼鏡蛇式

起勢	俯臥
收勢	用手掌撐起上半身，大腿保持貼住地面
頻率	定住30秒，做2至3次
注意	感覺前面腹部拉扯感或者後腰背有壓迫感

二、貓狗式

起勢	四點跪在地上
收勢	肚臍往下盤骨前傾，然後肚臍往上盤骨後傾
頻率	重複30次，做2至3組
注意	軀幹不會前後移動

三、手腳交叉式

起勢 四點跪在地上
收勢 右手左腿同時伸直,然後返回地面;左手右腿同式伸直,然後返回地面
頻率 定住30秒,做2至3次
注意 軀幹不會左右搖擺

啟動引擎：普拉提

Lesson 1

Lesson 2

如何讓身體做好
騎行的準備？
Lesson 3

Lesson 4

Lesson 5

Lesson 6

Lesson 7

一、提臀式

起勢 俯臥

收勢 肚臍往上盤骨後傾，屈曲左膝關節成90度，然後大腿向天提
起；右腿重複相同動作

頻率 重複30次，做2至3組

注意 提腿時候保持盤骨後傾

二、單腿拱橋

起勢	仰臥,膝關節彎曲,腳板著地
收勢	保持盤骨後傾,抬起臀部,然後提起右腿,然後還原在地上;左腿重複相同動作
頻率	重複30次,做2至3組
注意	提腿時候保持盤骨後傾

三、蜆殼式

起勢	側臥向右,膝關節彎曲,雙腳貼在一起
收勢	保持盤骨後傾,打開膝部,然後還原;左腿重複相同動作
頻率	重複30次,做2至3組
注意	提腿時候保持盤骨後傾

啟動上下核心：功能性核心訓練

一、基本平板

起勢　用手肘和腳尖撐柱身體
收勢　保持盤骨後傾，定住
頻率　定住30秒，做2至3次
注意　腰部不要墜落

二、同邊支撐

起勢	用手肘和腳尖撐柱身體
收勢	右邊手腳同時提起伸直，定住；左邊重複相同動作
頻率	定住30秒，做2至3次
注意	腰部不要下墜

三、左搖右擺式

起勢	用手肘和腳尖撐柱身體
收勢	右邊手腳同時提起伸直，定住；左邊重複相同動作
頻率	重複30次，做2至3組
注意	腰部不要下墜

Lesson 1

Lesson 2

如何讓身體做好
騎行的準備？
Lesson 3

Lesson 4

Lesson 5

Lesson 6

Lesson 7

膝部不能內移過中線

四、平衡武士

起勢 站立箭步，雙腿成一直線，中間預留空間相距

收勢 左腿在前方，右腿往下蹲直到膝蓋碰地，還原；換邊重複相同
動作

頻率 重複30次，做2至3組

注意 保持雙腿成一直線

3.9 騎單車後必要做的 六個伸展動作？

作者 李韋煜博士

為甚麼需要冷卻運動？

　　大家可能不知道運動後，身體需要5至10分鐘的緩和運動，回復到運動前的狀態，減少運動過後的酸痛，亦可算是為下次比賽或訓練作準備。生理上，緩和運動可逐漸降低體溫和心跳，血液循環消除肌肉的代謝物，亦會減輕延遲性肌肉酸痛（Delayed Onset Muscle Soreness，簡稱DOMS）。心理上，這些運動可使運動員劇烈運動後靜下來，檢討剛剛完成的訓練或比賽。

冷卻運動應包括伸展動作嗎？

　　現時的科學文獻未有確實證據指出靜態伸展有效減低受傷的可能，但靜態伸展動作能夠改善單車手的柔韌度。 尤其是當騎了單車數小時，更需要伸展運動，令因持續運動而縮短的肌肉回復正常的長度。進行伸展運動前，建議大家先作數分鐘慢跑或原地踏步。

運動後應包括甚麼靜態伸展動作？

　　約5至10分鐘靜態伸展，每個動作維持30秒，進行1至2組。

動作示範

腰部和頸部伸展

動作要領　① 站立，雙腳與肩膀距離相約，雙手放在腰上。
　　　　　② 腰和上身向一邊慢慢轉動，直到腰部肌肉微微牽拉為
　　　　　　止，不要轉動膝關節，完成後再轉向另外一邊。

動作示範

手腕和前臂伸展

動作要領　① 十指扣上，掌心外轉，手向前推直至手肘及前臂微微
　　　　　　牽拉為止，把手向上拉。
　　　　　② 回復至起始動作後就用右手輕握拳頭手肘伸直，用左
　　　　　　手幫助右手拳頭向下，直至右手前臂微微牽拉為止，
　　　　　　再重複做另外一邊。

動作示範

後背肌肉伸展

❶ 站立，兩腳分開與肩距離相約。
❷ 雙膝微曲，彎腰用雙手握著足踝，下背可有微微牽拉。

動作示範

四頭肌伸展

動作要領 ❶ 右手扶牆或欄杆站立，右膝後屈，然用左手抓穩右足踝，並把腿向後拉，直至右邊大腿前方微微牽拉為止，然後再重複另一邊。

動作示範

小腿肌肉伸展

動作要領 ① 雙手扶牆或欄杆，左腳在前，右腳向後伸直並腳跟貼地，左膝成弓箭步直至跟貼地，右膝微曲成弓箭步直至跟貼地，右膝微曲成弓箭步直至小腿後方微微牽拉為止。

動作示範

臀中肌及臀大肌伸展

動作要領 ① 坐在地上，左腿伸直右膝屈曲，挺起胸腔，右腳跨過左腿放在左大腿外側。

② 右手按地面，左手肘放在右膝外，腰及上身向右慢慢轉動，直至右臀外側微微牽拉為止。

Lesson 1

Lesson 2

如何讓身體做好
騎行的準備？
Lesson 3

Lesson 4

Lesson 5

Lesson 6

Lesson 7

3.10滾筒按摩：運動恢復好幫手

作者 李韋煜博士

運動新知新趨勢

　　近年來，有不少運動員利用滾筒按摩來作運動恢復。不少運動科學學者找出證據證實滾筒按摩有效改善柔韌度，減輕延遲性肌肉酸痛的情況。人的筋膜覆蓋全身，以減低肌肉之間的摩擦。有一學說認為如果肌肉緊張或姿勢不良，筋膜與筋膜之間的潤滑液體會減少，摩擦增加，肌肉粘連物組織累積，慢慢形成結（Knot），若想減低肌肉繃緊，可用滾筒按摩輔助放鬆，消除這些結，深層放鬆肌筋。

　　運動前後可練習滾筒按摩10分鐘。一般做法是把需要放鬆肌肉壓在滾筒上，1分鐘上下滾動約25個循環，頻率大約是1秒鐘一下，維持1至2分鐘。注意不要在突起的骨頭上滾動，例如脊椎和盤骨，避免不適的感覺。

　　筆者特別為單車運動員建議以下6個滾筒按摩動作：

一、按摩上背肌肉

二、按摩下背肌肉

三、按摩四頭肌

四、按摩大腿外側肌肉和髂脛束

五、按摩臀大肌

六、按摩小腿肌肉

Lesson **4**

騎單車時有哪些

基本技巧？

4.1 基本單車技巧

作者 賴藹欣小姐

有些剛接觸單車的朋友認為能在單車上平衡就可以隨心操控單車，卻忽略了基本單車技巧的重要。其實想要真正享受單車帶來的速度感和樂趣，必須掌握單車基本功，確保騎行安全。如有良好的騎行技術及體能，可令練習及比賽更得心應手，事半功倍。

煞車

■ 前後煞車掣需在煞車過程同步使用。

一、測試煞車力度

於平路雙手推著單車，嘗試感受煞車掣力度，按壓煞車掣並收緊至一半，此時單車仍能前進，但速度已減慢，此為減速時需使用的煞車力度。

二、煞車方法

應以點壓式煞車為減速方法，煞車時需懂得收放，應以一下收緊、一下放鬆手掣的方式煞車，如果初學者長時間用力按煞車掣，有機會造成打滑。注意不同路段對煞車控制及煞車距離有不同要求，例如：斜路、平路、下雨時的單車徑等。

■ 初學者應把停車分為兩個階段：減速範圍＋停車區

◆ **減速範圍**：因應當時車速及路面情況，設定減速範圍，這段時間內緩緩減慢單車行駛速度。

◆ **停車區**：此為最終需要停定單車的位置，注意此位置前必須預留減速距離。

■ 重要技巧

◆ 煞車需要及時放手，如果一感到單車後輪有打滑情況，必須放手一下，令單車回復平衡，避免失控。

◆ 煞車時重心應保持在車中間，不應過分傾前或拉後身體，如重點過於傾向車頭方向，容易反車。

◆ 「停」的過程包括減速和停定，不能即時停下，不可心急。

◆ 必須觀察停車環境，擬定減速範圍及停車區。

運動誤區

很多初學者害怕使用前煞車掣，卻只大力使用後煞車系統希望立刻煞停單車，這樣反而容易導致後輪打滑，而未能停定單車。緊記如果沒有前煞車，單車難在指定地方停車，所以需要同步使用前後煞車掣。

轉彎

■ 安全要點

轉向時，要先觀察路面情況，注意後方是否有車輛正駛向你要轉往的方向，如情況安全，就可發出手號，準備轉彎。

<table>
<tr><td>第一步</td><td>第二步</td></tr>
</table>

■ 技術要點

一、速度控制

　　轉彎前需調整行車速度，穩定速度後預計轉彎路線，初學者盡量避免轉彎時持續減速，因力度控制有差別，就會使單車失控產生危險，轉彎時雙手仍要放在煞車掣上，以防有突發情況發生。

二、身體配合

◆ **眼**：用視線帶動轉彎，因視線可助你駛去目標方向。

◆ **身體**：轉彎時身體應該放鬆，配合轉彎路線，如過分緊張會容易令單車失控。

◆ **腳**：轉彎時需要注意腳部位置，垂直的一邊腳應該與轉彎中心點成反方向。當左轉時左腳應該放於腳踏上方，右腳垂直，相反如是。

好處：

◆ 避免轉彎時產生的傾斜角度使腳踏觸碰到地面造成意外。

◆ 平衡轉彎時的力量分佈，避免力量傾倒於轉彎的一方。

運動誤區

大眾騎單車時可能會因緊張或希望用重量使單車更穩定，因而把上身力量全聚向車把，這樣會令單車難於轉向。試想像當重量壓於車頭，轉向會令車胎與地面造成較大壓力，因此轉向時會較困難。

單手控車

單手操控單車主要用作發出手號，如果準備騎單車到公路訓練，必須能單手控車及發出手號予後方車輛，讓其知道你的方向，保持安全距離。

慢車技巧

香港單車徑常要慢車行駛，如果慢速時仍能控制好單車，騎行時會更安全。再加上用視線輔助單車技術，可使騎行更安全。因為道路上發生的單車意外不一定是技術問題引致，亦可能因其他外在因素，如：道路上其他車輛、行人、障礙物等引起。所以視線必須保持向前，除了近距離外，亦要望向較遠位置，留意周圍情況。

Lesson 1

Lesson 2

Lesson 3

騎單車時有哪些
基本技巧？
Lesson 4

Lesson 5

Lesson 6

Lesson 7

4.2 甚麼時候要「轉波」?

作者 夏翠蔚小姐

大家騎單車時，有沒有發現踩平路好輕鬆，但一上斜就覺得愈來愈辛苦？到底有沒有方法上斜時可以踩得輕鬆些呢？

　　單車有大齒盤（Chain Ring）及飛輪（Cassettes），以鏈條相連，踩腳踏令大齒盤帶動飛輪，令兩個分開的齒輪同時轉動，再帶動車輪轉動，使單車向前。

　　「轉波」即變速，是透過改變大齒盤和飛輪的比例，令踩腳踏時更舒服、更有效率，特別是上斜路段。我們一般都會覺得踩上斜路比在平路辛苦得多，單車手除了提升體能、肌力和肌耐力外，可以利用「轉波」讓自己踩得更輕鬆。而方法是：使用變速桿（俗稱「波手」）。

　　轉波的要訣是計算「齒輪比」（Gear Ratio），即大齒盤齒輪數目，除以飛輪齒輪數目。如果齒輪比是 1:1，即腳踩 0.65 圈，飛輪轉 1 圈；如果齒輪比是 4:1，即腳踩 1 圈，飛輪轉 4 圈。

　　假設單車的大齒盤有 2 個，齒輪數目分別為 22 及 44；而最大的飛輪有 34 齒，最小的有 11 齒。

鏈條 大齒輪

飛輪

	大齒盤齒輪數目	飛輪齒輪數目	齒輪比	適用路段	好處	弊處
用最少齒數的大齒盤配最多齒數的飛輪	22	34	0.65:1	上斜	輕腳	車速慢
用最多齒數的大齒盤配最少齒數的飛輪	44	11	4:1	平路	加速	費力

4.3 為甚麼行走中的單車
不會倒下？

作者 夏翠蔚小姐

當大家坐上單車，把雙腳同時提起，是否很難取得平衡？但相反，雙腳一起踩動幾下腳踏，單車就相對容易平衡。究竟這個現象可以怎樣解釋？

　　根據牛頓第一運動定律 / 慣性定律（Newton's First Law of Motion / Law of Inertia），在物理學的角度來看，若物體不受外力影響，靜者恆靜，動者恆作同一速度沿著直線一直運動。當有外力作用施於物體時，才會令物體的運動產生改變，例如靜止物體移動、運動物體改變速度或方向，因物體保持原有運動狀態。

　　言歸正傳，當單車向前行走，兩輪轉動時像陀螺（Gyroscope），產生水平方向的角動量（Angular Momentum），這個向前轉動的慣性力量可以令單車左右兩邊平衡。在同一角速度（Angular Velocity）下，若輪子的轉動慣量（Moment of Inertia）越大，角動量便越大，要改變輪子角度所需的力矩（Torque）就越大，故此，單車行走時相對靜止時穩定得多。

騎單車時想轉彎向左，是否直接扭把手將車輪轉向左呢？

　　如果想扭把手向左轉，單車會容易跌倒，身體更會向相反方向（右邊）傾斜。如果想向左轉，正確方式是身體向左傾，單車自然會向左走。究竟原理是甚麼呢？

　　在物理學上可以這樣解釋。當單車向前走，單車手的重心（Centre of Gravity）與車輪的正向力（Normal Force）成一直線。但當單車轉彎時，可以透過單車手身體與單車的傾斜產生反方向的力矩來減少，由摩擦力（Frictional Force）所產生向外翻的力矩，自然會較穩定（請參考後圖）。

———重心與質心

支撐力

圖一：單車手向前踩時，單車手的重心與車輪的正向力成一直線。

———重心與質心

支撐力

合力

摩擦力

向心加速度

圖二：當身體傾向右，重心與質心也向右傾，這時摩擦力會產生向左的力矩，令單車手和單車平衡。

Lesson **5**

哪些
常見問題？

5.1 要騎多久才可以減肥？

作者 雷雄德博士

很多人騎單車的目的是減肥，其實減肥與能量攝取有關。健康運動的減肥方法，必須先控制飲食，並透過適量運動增加能量消耗，循序漸進，每星期體重不宜減多於1公斤。以上原則可以用卡路里計算，身體若消除1磅多餘脂肪，需要消耗約3,500卡路里，即是説，如果每天從運動之中額外消耗500卡路里，一星期便可以減除1磅多餘脂肪。

從騎單車的能量消耗估算，體重75公斤的人，以時速20公里騎60分鐘單車，約消耗570卡路里；但體重只得50公斤的人，以時速15公里騎60分鐘單車，卻只消耗250卡路里。換言之，騎單車多久才可以達到減肥效果，必須要考慮騎車的速度，若以中等強度騎單車，時間起碼約60分鐘才有明顯效果。

近年健身中心流行的極速騎單車（Spinning），十分受歡迎。其原理是在短時間內，以極高的運動強度去踩健身單車，並以間歇方式進行。這種高強度間歇踩法不但可節省騎單車時間，也能達至不錯的減肥效果，因為在運動後的24小時內，身體的新陳代謝率較高，有助體內脂肪的代謝。但這樣高強度的騎單車方式，未必適合所有人，須視乎個人體質狀況而決定強度；而對於患有心血管疾病及糖尿病的人，並不適宜。

5.2 騎單車太久，
腿會變粗嗎？

作者 雷雄德博士

　　人體的體型結構，受到先天遺傳因素影響的比例介乎60%至90%，而後天因素則有營養攝取、健康環境、運動量以及睡眠等。腿部結構的粗與否，很大部分原因是先天遺傳；至於腿部肌肉結實脹大，則與後天因素的運動訓練有關。

　　腿部肌肉的纖維分別有紅肌和白肌兩種，前者受耐力訓練影響而變得修長，後者經短途爆發力訓練而結實起來。所以，騎單車太久，不會因此而使腿部變粗，重點在於耐力（長途）還是爆發力（短途衝刺）訓練的生理刺激。如果只進行長距離的單車訓練，腿部肌肉的訓練強度維持在中等水平，這樣的生理反應會刺激紅肌較大，使肌肉逐漸變得修長。相反，如果每次訓練都著重短途衝刺，肌肉收縮的強度接近極點，便會刺激白肌纖維，令肌肉結實及脹大起來。

5.3 騎單車太久，髖關節會變得過緊嗎？

作者 邱啟政先生

很多朋友長時間騎單車，會感到髖關節比較緊，其實若關節沒有病變或破壞，關節結構就不容易被改變。事實上，關節周邊肌肉因活動而收緊是肌肉產生的錯覺，特別在長時間的單車旅途當中，尤其是騎低頭車（Racing Bike）會使髖關節處於過度屈曲的狀況，令連繫腰椎與盤骨關節中的髂腰肌處於縮短狀態，以致再站立時，髂腰肌未能立刻回復、較抗拒伸展，形成髖關節變緊的假象。

健康小貼士

單車手只需要配合適量的伸展運動，就會感到髖關節變回自然。休閒式自行車一般姿勢都是直坐，所以較少有髖關節變緊的感覺；若感到髖關節變緊，可能是單車運動後的正常肌肉鍛鍊，建議亦需要伸展運動，以減低不適感。

5.4 騎單車會「傷膝」嗎？

作者 容啟怡小姐

從物理治理師的角度來看，騎單車是常見的復康運動，可以加強下肢肌力及活動能力。然而，不時會有朋友反映，騎單車後膝蓋痛，究竟騎單車會「傷膝」嗎？

根據文獻研究，21至65%專業單車選手與長途單車路途者受膝蓋痛影響，症狀為前膝痛及膝外痛，幸好差不多一半屬輕微個案。常見診斷包括髕股關節綜合症（Patellofemoral Pain Syndrome）、髕骨肌腱炎（Patellar Tendinitis）及髂脛束摩擦綜合症（Iliotibial Band Syndrome）。

從生物力學的理論看，騎單車並不會對膝關節造成傷害，因為運動過程中不會像跑步一樣重複衝擊關節、承受身體近3倍的重量。專業單車選手與長途單車路途者的膝蓋問題源於極高的訓練量，一日騎乘200公里已屬平常。一般來說，騎單車是對膝蓋安全的運動，而且是膝蓋康復訓練中不可缺少的一環，可以強化下肢肌肉及提升心肺功能。

安全訓練的前提是髖關節、膝蓋及足踝關節的位置都正確排列。如果騎單車有膝蓋痛，可以嘗試透過調教單車和訓練來解決膝蓋痛問題。其中一個重點是，要注意膝蓋的位置在腳踏軸心後面，以減少膝蓋所受到的壓力。同樣道理，當做深蹲及弓箭步時，教練都會提醒膝蓋不要過腳趾尖。

在此列舉3個業餘單車手常見的膝蓋問題和解決方法：

膝蓋在腳踏軸心前

膝蓋接近腳踏軸心

1. 髖股關節綜合症

症　　狀：前膝痛、膝蓋骨後面酸痛

原　　因：使用重檔硬踩或是坐墊過低都有機會導致膝蓋痛。另外，如果四頭肌內
　　　　　側與外側的肌力不平衡，有機會把膝蓋骨拉向外側，使膝蓋骨偏離正常
　　　　　位置。

解決方案：盡量選用輕檔（低速檔）來踩踏，避開斜坡和調高坐墊位置都會有幫助。
　　　　　如果有膝蓋痛，便要留意在騎單車時，膝蓋是否直上直下，而沒有左右
　　　　　晃動；腳趾指向前，切忌雙腿外八式騎車，或是將膝蓋往內側靠攏，這
　　　　　樣膝蓋會受極少壓力。另外，要強化四頭肌內側肌肉和伸展四頭肌外側。

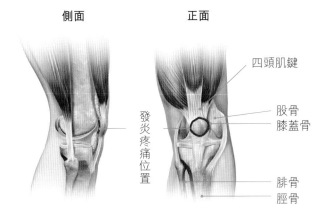

側面 　　　　　正面

四頭肌鍵

股骨
膝蓋骨

腓骨
脛骨

發炎疼痛位置

2. 髕骨肌腱炎

症　　狀：膝蓋骨下方粗大的韌帶疼痛

原　　因：髕骨肌腱連接著四頭肌及小腿，騎單車時會被重複拉長伸展，如超過本身負荷，會產生微小的撕裂，引起疼痛。

解決方案：調整訓練計劃，強度應循序漸進，強化及透過拉筋及泡沫軸按摩放鬆四頭肌。

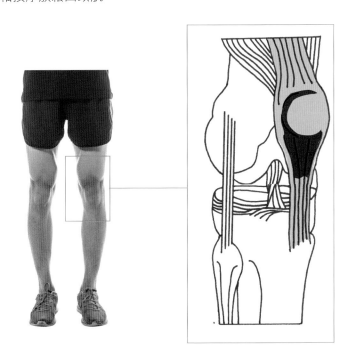

3. 髂脛束症候群

症　　狀：伸屈膝蓋時，外側出現尖銳而刺痛的感覺

原　　因：屈曲膝部約30度時，髂脛束會按壓到與大腿骨之間的軟組織。如果髂脛
　　　　　束繃緊或是大量重複滑動、坐墊過高，均有機會導致該處發炎疼痛。過
　　　　　緊的闊筋膜張肌和臀大肌，是其中一個成因。另外扁平足會令膝關節向
　　　　　內旋轉，令大腿骨的突出部分更容易發生摩擦，增加了受傷的機會。

解決方案：伸展或利用泡沫軸按摩闊筋膜張肌、臀大肌；另外強化臀中肌。如有扁
　　　　　平足，可考慮使用鞋墊承托足弓，減少膝部內旋，矯正下肢生物力學結構。

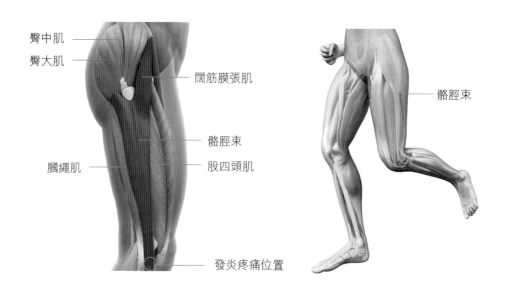

臀中肌
臀大肌
　　　　　　　　　　　　闊筋膜張肌
　　　　　　　　　　　　　　　　　　　　髂脛束
　　　　　　　　　　　　髂脛束
膕繩肌　　　　　　　　　股四頭肌
　　　　　　　　　　　　發炎疼痛位置

Lesson 1

Lesson 2

Lesson 3

Lesson 4

哪些常見問題？
Lesson 5

Lesson 6

Lesson 7

預防受傷及增強表現訓練

除了調整單車及注意膝蓋位置外，建議各位單車手可以在恆常訓練加入以下訓練：

1. 強化四頭肌

很多健身室都有膝蓋伸直的運動器材，可以利用這些器材加強四頭肌。另外深蹲也是非常有效的運動。

2. 強化臀部

　　如果能夠騎單車時善用臀部，並以此為動力中心，是最安全和最省力的騎車方法。臀部是一組非常強大的肌肉，比起四頭肌有更強的力量和耐力，所以要多加利用。可是這點經常被人忽略，以為騎單車以四頭肌為主。除了配合心態，還需要單車調整得宜，協助臀部發力。強化臀部可以分擔四頭肌和膝蓋的負荷，減少膝蓋向兩邊晃動，還可以增強騎單車的力量和耐力。深蹲、仰臥臀上挺等訓練能針對強化臀部肌肉。

深蹲

仰臥臀上挺

3. 按摩闊筋膜張肌和伸展四頭肌外側

　　基於運動力學的原因，一般單車手的大腿外側肌肉都是比內側緊和發達。要避免膝蓋痛，應每次騎單車後都充分按摩大腿外側肌肉和伸展四頭肌外側。

伸展四頭肌

動作要領　❶ 站着，用左手拉起左腳直至有拉扯感，靜止10秒，然後換另一邊。
　　　　　 ❷ 期間需保持膝頭垂直，避免擺動，方能充分伸展全組四頭肌。

伸展闊筋膜張肌

動作要領　① 側躺，左手拉著左踝，然後將左膝蓋彎曲到底，右腳卡左腳膝蓋上，伸
　　　　　　 展右邊闊筋膜張肌伸展。

② 靜止30秒，然後換另一邊。

按摩闊筋膜張肌

動作要領　① 側躺，將泡沫滾筒放在右側闊筋膜張肌及臀中肌下，以手與左腳支撐。

② 利用身體重量壓在其上，來回滾動共20次，然後換另一邊。

5.5 錯誤的騎行姿勢
會導致「騎士背」?

作者 容啟怡小姐

甚麼是「騎士背」?

　　腰背痛是單車手最常見的痛楚之一，研究顯示超過50%的專業單車選手會抱怨有腰痛問題，所以單車手的腰背痛一般稱為「騎士背」。這種問題通常發生在長途單車手身上，因為需要長時間俯臥，騎單車時腰椎所承受的壓力不單只是上半身的重量，更會因為騎車時身體向前斜傾，而承受更多的重量。

■ 成因

　　大致上可分為兩種：一種是因為腰部肌肉適應不良或過度用力，另一種是由不良騎乘姿勢導致。多數腰背痛由脊椎部位長時間彎曲所致，繼而衍生出許多痛症，包括肌肉疲乏、韌帶緊繃與椎間盤壓迫等。

Lesson 1

Lesson 2

Lesson 3

Lesson 4

哪些常見問題？
Lesson 5

Lesson 6

Lesson 7

計時賽上身放平的騎姿

■ 注意騎行姿勢

單車初學者如果未經專業訓練就模仿職業單車手，採用計時賽上身完全放平的騎姿，會很容易出現傷患。當上肢身體壓得過低，背部很容易拱起來，造成不適。上身完全放平的騎姿對於長距離的路程相對吃力，亦會阻礙肺和橫隔膜呼吸。一個常導致單車初學者背部不適的騎乘姿勢是：背部角度太低、盆骨向後傾、背部過度伸展、面部朝地。這都令到頸椎及下腰的壓力大增，容易導致腰背痛。

相反，當背部較平坦、腹肌適當用力配合時，背部壓力較少之餘，臀部亦能穩當地使用力量，提高輸出率。如果純粹藉單車代步或放鬆身心，建議單車初學者可以選擇較為舒適溫和的上身傾斜角度踏公路單車，保持盆骨正中間，腰背適當微曲，頸部放鬆。身體稍微直挺前傾，適度地將重心往前移，讓手臂可以分擔一些上半身的重量，減少對腰背的負擔。這個姿勢亦相對上身放平更安全，因為可以容易向後望，環顧四周交通情況。雖然上身較為挺直的騎法，會令風阻上升，但此姿勢有助臀部及大腿後肌肉發力，增強輸出力量。這意味著能夠減少膝蓋負荷，以及減少腰背痛的風險，適合初學者及一般人士。

肘關節角度

最小髖關節角度

膝關節伸展角度

上下死點踝關節

■ 常見問題

當然，騎單車時除了姿勢不正確，其他因素都會引致腰背痛問題，如坐位與前把手距離太遠、座位調校過高、手把過低，甚至是因左右長短腳，都會令到盤骨過分扭曲，腰肌及脊椎長期受壓，繼而衍生椎間盤突出，壓住脊椎旁的神經線和各類型的痛症，嚴重可致下肢麻痺或無力。要避免產生不同傷患，就先要調校好單車。

騎單車的姿勢有很多，單車手可以基於單車的種類以及個人目標，參考下圖及諮詢教練，選擇適合自己的一款。

公路賽單車姿勢：拼博型

計時賽單車姿勢：拼博型
（最符合空氣動力學）

公路賽單車姿勢：輕鬆型

公路賽單車姿勢：悠閒型
（腰背最小壓力）

加入體適能訓練

　　要把受傷風險降到最低，單車手還需增強個人體質。前文提到，騎單車需要長時間俯臥，牽涉到多組上身肌肉。除了利用腹肌配合背肌保持姿勢外，更需要核心肌群來維持脊椎穩定，以減少椎間盤所受到的壓力。一節嚴謹的單車課應包含交替的肌肉力量訓練、核心肌群及伸展訓練，而不是只在單車上盲目地訓練下肢。肌肉力量訓練包括：臀部肌肉、四頭肌、大腿後肌、腹肌及背肌等。

■ 伸展運動

　　以下推介三個針對騎士背的伸展運動：

I. 泡棉滾筒按摩放鬆背肌

動作要領　① 仰臥，雙腳屈膝與肩同寬。泡棉滾筒放背後頂在背肌處；雙手放後尾枕支撐頭部，身體向後拗，靜止10至15秒。
　　　　　② 可重複滾壓痠痛部位，加強效果。

II. 腹肌伸展

動作要領
① 俯臥，放鬆腰部肌肉。
② 手肘伸直，直至腹部有拉扯感覺，靜止10秒，重複5次。

III. 背部扭動伸展

動作要領
① 仰臥，將右腳放到左邊身旁，扭轉上身，維持動作10秒。
② 慢慢轉向另一邊，同樣維持10秒，重複5次。

　　此外，單車手必須緊記，腰背痛不只是因騎單車而起，更可能與日常生活習慣有關。如果一整日都安坐辦公室，沒有維持良好坐姿，或座椅不恰當，自然會產生腰背痛。假如腰背痛的情況嚴重並持續，建議尋求專家作適當的評估及物理治療。

5.6 髂脛束摩擦綜合症

作者 邱啟政先生

　　騎單車引發膝痛非常普遍，問題多由於腳踏及座位位置不協調，令騎車上落期間，膝關節在上上落落中偏離中線，或在重複動作中承受過大壓力，令軟組織過度疲勞，引發勞損。髂脛束摩擦綜合症屬於過度使用的運動創傷，由髂脛束和股骨外髁過度摩擦引起。不斷摩擦會導致髂脛束發炎，引致膝關節外側疼痛。髂脛束屬於一條厚帶狀纖維結締組織，從髖部一直向下到大腿外側，最終連接脛骨。將闊筋膜張肌、臀大肌和臀小肌，大腿四頭肌及膕繩肌連在一起。

　　單車上，一般有幾項設定不當會增加膝外側壓力而引起髂脛束磨合綜合症，特別是有用踏鎖的單車手，若果踏位太窄，會令大腿遍近中線，變相將外側組織拉長，在不斷上落時增加外側扭力，令膝外側壓力增加，引致發炎。

　　暫緩痛楚的處理方法，可用冰敷、按摩及伸展，好讓軟組織能保持柔韌度；但若果情況不斷重複，未有改善，就需要調較單車設定，以配合單車手本身體型，從而減少形成壓力的原因。亦可以利用滾筒按摩作舒緩，詳情可參閱 Lesson 3.10 <滾筒按摩：運動恢復好幫手>一章。

5.7 騎單車太久，為甚麼雙手會「麻麻」的？

作者 黃詠儀醫生

過度使用導致運動創傷

手部神經壓迫是上肢最常見及典型的過度使用性創傷，業餘與職業單車手都會發生這種症狀。其中，又可分為因平把（休閒或山地單車）造成的「正中神經障礙」，以及彎把（公路單車）所造成的「尺神經障礙」。

■ 正中神經障礙

騎平把單車時，身體過度前傾，體重壓在手腕及掌上，加上腕部過度背屈造成腕管壓力上升，引致正中神經傳導障礙。患者的大拇指、食指、中指及無名指內側會感到麻痺，早期患者只要改變姿勢，麻痺自會消失。可是，較嚴重者，晚上睡覺時也會因麻痺而痛醒，患者須戴上支架讓神經線得以休息。更甚者，可能要用手術解離腕管以減輕正中神經的擠壓。患者應及早就醫，免得待手掌魚際肌萎縮，嚴重影響功能及增加手術的複雜程度。

■ 尺神經障礙

騎彎把單車時，腕部傾向大拇指彎曲，當長時間握緊彎把前端時，造成腕部尺神經過度伸展並壓迫在彎把上，使尺神經掌管的位置，即小指及無名指外側發麻。如果神經受到反復刺激且不能休息恢復，使傷害加劇，不但會發麻，更會引致功能障礙，導致骨間肌肉及手掌小魚際肌萎縮，屆時必須用手術解離尺神經的擠壓。上肢創傷在單車運動中是常見的，我們不能忽視。多認識、多預防、及早診治，才可享受騎單車的樂趣。

怎樣解決及預防「麻麻」的手？

一、你的單車尺寸、座位高低、手把大小形狀，是否適合你的身型呢？

- ◆ 不適合的單車尺寸，會使體重過度壓在手把上，造成神經擠壓。
- ◆ 適當的手把大小及形狀，可增加可握的面積和範圍，減少壓力。
- ◆ 良好的手把膠帶或碳纖維手把，可降低路面傳來的震動。

二、你的姿勢正確嗎？

- ◆ 手肘微曲，放鬆肩膀，不要讓手用力壓在手把上。你是否長時間用力按在手把上？
- ◆ 應每 10 分鐘改變手在握把上的位置和姿勢，以改善血液循環及減輕神經壓力。

三、你有否配戴單車手套？

- ◆ 手套上的靠墊可減低壓力和震動。

四、你平常有否伸展手腕、手指及鍛鍊肌肉呢？

- ◆ 手指、手腕、前臂、肩膊和脛部的伸展，可以減輕肌腱、神經和腕韌帶的張力，增強肌腱和神經線在腕管中的滑動及血液循環，有助減少腕道和神經線的壓力。

5.8 騎單車最常見的受傷是甚麼？

作者 容樹恒教授

香港體育的氛圍愈來愈熱烈，有不少市民都積極參與運動，又能夠促進生活健康。不過，如果做運動前沒有作好準備，有可能導致急性或慢性運動創傷。

香港中文大學進行的調查中，運動創傷已經是導致急性創傷患者看急症的第二大最常見原因，僅次於日常創傷。受影響的主要年齡組別是12至17歲的群組，該群組是香港的中學生，群組內80%是男生。因此，照料運動創傷患者已經是本港醫院急症室主要服務內容，大多數患者是青年人。

在運動創傷中，騎單車受傷排名第三，僅次於足球和籃球。研究的受傷個案主要來自香港新界東北部，而香港地區的大多數單車徑位於此地。另一項在本港進行的研究顯示，臉部（19.46%）是騎車者最常受傷的部位。與其他大多數的運動不同，騎車者的上肢受傷較下肢受傷多1.8倍，最常見的是擦傷。

儘管有很多研究專注於騎單車引起的急性創傷，但騎車者因騎行過度而受傷亦並不罕見。在美國，一項以問卷形式進行的研究顯示，騎單車受傷共佔醫生每年50多萬次的門診量。大多數騎單車的受傷屬於運動過度（Overuse），而不是急性（Acute）創傷。85%的運動過度傷者多於一處身體部位受傷。最常見的受傷部位是頸部（48.8%），其次是膝關節（41.7%）、腹股溝底臀部（36.1%）、手（31.1%）和背部（30.3%）。

另有研究關注單車頭盔使用與受傷方式之間的關係。一項在新加坡進行的研究顯示，因單車意外而在急診科就診的傷者當中，只有10.6%有配戴頭盔。將配戴

Lesson 1
Lesson 2
Lesson 3
Lesson 4
哪些常見問題？
Lesson 5
Lesson 6
Lesson 7

頭盔組與沒有頭盔組進行對比，前者頭部受外傷的風險少近7倍，面部創傷機會少6倍。研究亦說明，與年輕的騎車者相比，年齡超過30歲或以上的人騎單車時往往不配戴頭盔。反觀香港，因騎單車而頭部受傷並不罕見。但是，配戴頭盔者卻是非常罕見。近年來，香港政府已經多次透過推廣運動來提高公眾騎單車時的安全意識，希望配戴頭盔會成為一種習慣。

　　防患於未然，我們要認識預防騎單車受傷的重要，制定和實施具針對性的策略。計劃一個恰當長度的旅程，既可享受騎單車的樂趣，又可防止運動過度受傷。與其他運動一樣，騎單車前應先做一些伸展的熱身運動，讓身體各關節都進入準備狀態。硬件上，一部合適的單車會令你更享受騎單車的過程。騎單車前，必須查看單車的手柄及座椅高度是否舒適，試試煞車掣和變速器。單車徑路面上尚有很多莫名其妙的情況，騎單車者無論在何時何地都應以安全為首要。初學者應選擇於較寬闊的空地練習至能操控單車後才開始在單車徑上行車，在單車徑附近活動的行人亦應小心，以減少意外。最好與能力相若的同伴同行，互相照應。

5.9 騎單車時
發生意外應如何處理？

作者 區仲恩小姐

一班朋友馳騁於單車徑上，當然開心又健康，但一不留神，間中也會有意外發生。以下是基本的意外即時處理知識，學懂後能幫人自助。當然，意外發生時，還是要第一時間通知救護員或醫護人員。

意外處理第一式：緊急情況處理DRSABCD（急救）

D：Danger 確保環境安全

作出任何急救或傷勢評估前，先要保障自己及傷者安全，避免被其他單車撞到。安排同行人士截停來回單車，指揮交通。於處理傷者期間，緊記不時留意附近之交通情況。

R：Responsive 確定傷者清醒

叫喚傷者，確定傷者清醒程度。遇上頭、頸受傷者，請勿移動傷者。

S：Send for help 尋求救援

遇到傷者失去知覺，先安排同行人士通知在場救護員或召喚救護車，清楚描述傷者位置，方便救援。請勿獨留傷者於單車徑上。

A：Airway 保持傷者氣道暢通

如傷者不清醒，但可自行呼吸，保持傷者於原來位置。如發現傷者氣道阻塞，可小心將傷者側臥，以保持氣道暢通。勿強行把傷者口中阻塞物取出，以免進一步傷及患者。

B：Breathing 保持傷者呼吸

傷者若能自行呼吸，請繼續觀察傷者，處理其他傷勢，直至救護員到達。如傷者沒有呼吸，即到下一步：心外壓。

C：Compression 施行心外壓

需由合資格人士施行有效之心外壓，每30次心外壓就施行兩次人工呼吸。

D：Defibrillate 使用心臟去顫器

為傷者接上及啟動心臟去顫器，並跟從指令，直到救護員到達。

意外處理第二式：
臨場評估STOP（可以繼續運動嗎？）

作任何評估或決定傷者是否適合繼續運動時，緊記「安全至上」。如有任何懷疑，建議傷者尋求專業醫療人員護理。

臨場評估

Lesson 1
Lesson 2
Lesson 3
Lesson 4
哪些常見問題？
Lesson 5

S

<u>Stop 停止活動</u>
如在比賽期間，請即通知大會或場地工作人員，暫停賽事。避免傷者移動
或繼續活動。

T

<u>Talk 與傷者傾談</u>
安慰及與傷者傾談，了解傷者受
傷過程，受傷部位，及從對話
中評估患者傷勢及清醒程度。另
外，有關意外發生經過，請傷者
指出感覺不適之部位，現時感
覺（疼痛 / 麻痺 / 腫脹），有否其
他身體部位受傷（特別是頭頸位
置），與傷者討論是否適合或能
否繼續。如未能繼續，應準備運
送傷者到醫院作進一步治療。

進行評估後，較輕傷勢可以作現場處理，再轉介醫療機構。

O

<u>Observe 觀察傷者</u>
對話時觀察患者活動能力、傷口、流血、有否變形（骨折）及姿勢。如傷勢
許可，請傷者行到單車徑外安全地方，作出詳細評估及治理。

P

<u>Prevent 預防傷上加傷</u>
使用適當保護設施（如三角
巾），避免患者傷上加傷。

意外處理第三式：傷勢處理RICER

R：Rest 休息

受傷初期，如活動受疼痛影響，傷者應適量休息，讓受傷軟組織得到復原。當傷勢轉輕，應開始作輕量活動。過往研究顯示，越早開始活動，越早返回受傷前之運動能力。當然，以無痛為活動指標。

I：Ice 冰敷

冰敷能減低受傷部位之血流，幫助消腫，亦可作止痛之效。每次冰敷約15至20分鐘，每日3至4次。研究建議勿超過20分鐘，一方面會有凍傷之風險，另外，20分鐘冰敷後，身體反應會提高供應患處之血流量，反而會更腫脹，適得其反。

C：Compression 壓力消腫

繃帶或壓力襪，均可以作受傷部位支持及消腫之作用。必須小心不能太緊，以免阻礙傷患處之血液循環。

E：Elevation 抬高

抬高受傷部位到心臟以上水平，促進受傷部位之消腫效果。

R：Referral 轉介

如經過初步傷勢處理下，傷者能回復活動能力，可建議繼續自行以上方法處理。但如情況沒進展，請盡快為患者作轉介，以免錯過傷勢處理之黃金時間。為傷者作的詳細紀錄，一定可以幫助傷者更早得到適當治療！

> 總結來說，如在單車徑上遇到有人受傷，緊記以下步驟：
>
> DRSABCD → STOP → RICER
>
> 當然，安全至上，希望大家玩得開心、放心、又健康！

5.10 長者適合騎單車嗎？

作者 廖景倩小姐

有些長者有一種錯覺，以為運動和勞動會消耗體力，容易弄傷關節腰背，不利健康，其實這種看法是十分錯誤的。

2015年，英國倫敦大學英皇學院測試了一班有騎單車習慣長者（55至79歲），當中包括81男、41女。測試包括心臟及肺部檢查、肌肉及骨骼強度測試，以及精神狀態評估。研究結果指出，有騎單車習慣長者的心肺功能和肌肉強度，都遠較同年歲沒有騎單車習慣長者為佳。雖然受試者中的年齡差距最大達到25年，但最年老受試者的肌肉力量、肺功能及運動能力，與較年輕參加者的差不多。在其中一項評估跌倒風險的測試結果中，有騎單車習慣的長者其表現並不遜色於壯年人士。結論顯示，騎單車除了可保持精神健康，亦鍛鍊全身多項重要機能，包括心臟、肺、肌肉等。培養騎單車習慣可讓身體保養得較佳，年老時可擁有較健康體魄。

除此之外，部分長者患有骨質疏鬆或其他骨關節病變問題，因此應避免進行負重過量的運動。固定式的單車運動是不錯的選擇，騎單車毋須負重，是一種低撞擊力的運動，可鍛鍊心肺功能、訓練關節的旋轉活動性、增強大腿肌耐力、提高關節韌帶的柔韌度、穩定關節，以及改善關節因退化而引起的僵硬及痛楚。定期作適量運動，有助長者活動時保持平衡，防止不慎跌倒。

🚴 運動安全小貼士

如長者曾接受髖關節置換，手術後正確活動姿勢非常重要。而臥式單車訓練是一項針對性的復康運動，必須在主診醫生及物理治療師指導下進行，以防止植入的人工髖關節脫位及移位，運動時必須注意將背傾後，而且手術後的髖關節不可彎曲超過90度。（見後頁圖）

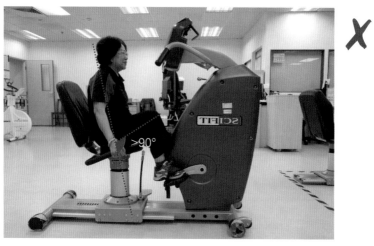

5.11 我有哮喘，
可以騎單車嗎？

作者 古惠珊醫生

世界衛生組織的數據顯示，全球約有2.35億人患有哮喘。哮喘病人的氣管有長期發炎的現象，患者在接觸過敏原或可刺激氣管的物質後，氣管發炎會加劇，氣管會收窄，患者會感到呼吸不暢順、有咳或喘鳴。對某些哮喘病人來說，運動會加劇氣管發炎，令患者在運動時出現哮喘的症狀。但是，這並不意味著哮喘患者必須避免運動；相反，運動可增強心肺功能、強壯體魄，只要把哮喘的病情控制好，並在運動前做好準備工夫和預防措施，大部分哮喘患者都可以做運動。

騎單車是一項戶外運動，冷空氣、乾燥的空氣、空氣中的致敏源（如花粉）和空氣中的污染物（如懸浮粒子、二氧化氮等），都會刺激氣管，引發哮喘的症狀。騎單車時注意以下事項，可減低運動時出現症狀的風險：

❶ 如哮喘控制不如理想，一星期有多過兩次的症狀，或晚上有哮喘症狀影響睡眠，那麼應先向醫護人員請教，把哮喘控制好。哮喘藥物分量的調整和生活或工作環境的改動，都可能改善哮喘控制，減低運動誘發哮喘的症狀。

❷ 如可以的話，可選擇在較和暖及不太乾燥的日子騎單車。

❸ 空氣污染嚴重的日子，也不適宜在戶外騎單車。

❹ 患感冒、氣管炎或哮喘病發時，都宜多休息和避免騎單車。

❺ 用鼻子來呼吸（而不是用口呼吸）有助暖和、濕潤吸入的空氣。

❻ 應有充足的熱身，如果體力未如理想，可選一些路較平坦的單車路線。上斜坡時如有需要，可選擇步行和推單車，這較騎單車消耗少一點體力。

Lesson 1
Lesson 2
Lesson 3
Lesson 4
哪些常見問題？
Lesson 5
Lesson 6
Lesson 7

⑦ 要帶備哮喘藥物，特別是吸入式短效氣管舒張劑。運動時如出現哮喘的症狀，可以用藥物來舒緩。如有需要，哮喘患者可在運動前15至20分鐘，使用吸入式的短效氣管舒張劑，以預防運動誘發哮喘的症狀。

⑧ 如果在騎單車時哮喘突發，請停下來，並保持冷靜，用醫生處方的急救藥物，並慢慢呼吸。如果症狀持續，快速就醫。

⑨ 最好有親友結伴騎單車，同伴中宜有人知道你患有哮喘，須要支援時，親友可拿藥給你，亦可幫忙在緊急情況時可尋找救援。

哮喘患者宜有適量運動，大部分患者只要妥善控制好哮喘，並在運動前做好準備工夫，運動不會容易誘發哮喘的症狀。有些運動員也患有哮喘，只要把哮喘病控制得宜，參加競技性的運動也沒問題。患有哮喘的運動員在比賽前要請教醫生和主辦單位關於用哮喘藥的限制，如有需要，可按規例申報治療用藥豁免。研究顯示對於健康的運動員（沒有哮喘），使用吸入式氣管舒張劑不會顯著影響運動員的耐力、力量和成績。

> 雖然我有哮喘，
> 我仍可以騎單車並享受
> 這運動帶來的樂趣。

Lesson 6

熱門單車路線

6.1 香港騎單車的好去處（一）
單車徑

截至2014年8月，由運輸署負責交通管理的單車徑總長218.5公里，分佈在八個地區。（資料來源：運輸署）

地區	長度
沙田	56.0公里
元朗	45.6公里
大埔	35.0公里
北區	27.0公里
西貢	20.6公里
屯門	20.0公里
大嶼山	14.0公里
南區	0.3公里

· · · · · · · · · · · ·　該區單車徑

- - - - - - - - - - - -　鄰區單車徑

單車公園

越野單車區域

沙田區　沙田及大圍單車徑

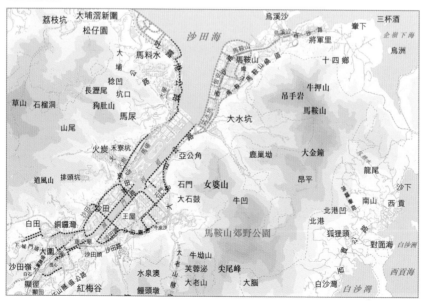

沙田區 馬鞍山單車徑

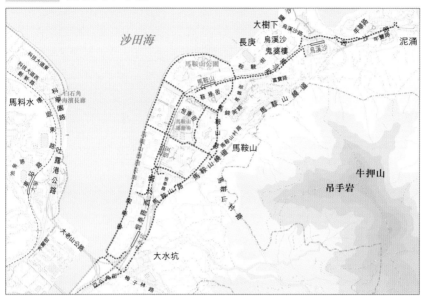

元朗區 元朗單車徑

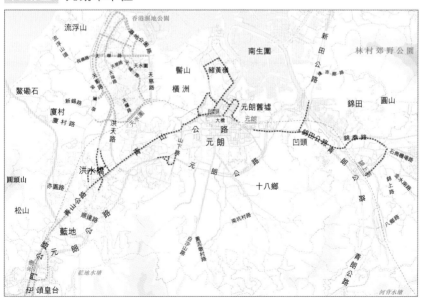

Lesson 1

Lesson 2

Lesson 3

Lesson 4

Lesson 5

熱門單車路線
Lesson 6

Lesson 7

元朗區
天水圍單車徑

香港濕地公園

天水圍高爾夫球場

天水圍綠田園

天水圍

天水圍公園

髻山

屏山

青山公路 (屏山段)

元朗公路

大埔區　大埔單車徑

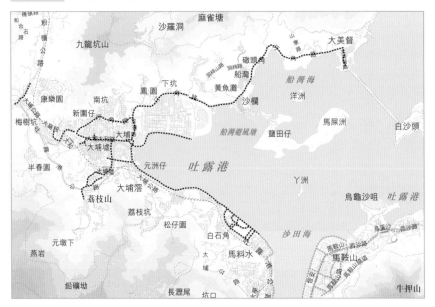

沙羅洞　麻雀塘

九龍坑山

大美督

船灣海

洋洲

下坑

黃魚灘

沙欄

船灣避風塘

馬屎洲

白沙頭

康樂園　南坑

新圍仔

梅樹坑

大埔

元洲仔

吐露港

鹽田仔

半春園

大埔滘

丫洲

荔枝山

荔枝坑

烏龜沙咀　吐露港

松仔園

沙田海

元墩下

白石角

馬鞍山

燕岩

馬料水

鉛礦坳

長瀝尾

牛押山

146

Lesson 1

Lesson 2

Lesson 3

Lesson 4

Lesson 5

熱門單車路線
Lesson 6

Lesson 7

北區 粉嶺單車徑

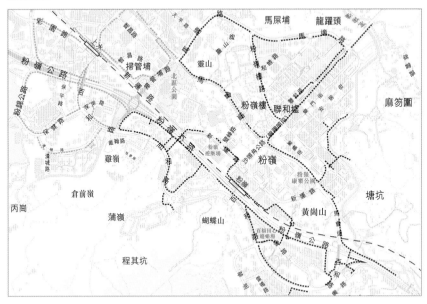

北區 馬尾下單車徑

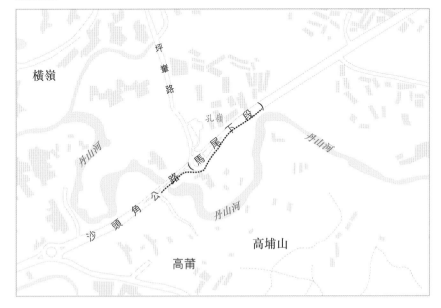

北區 上水單車徑

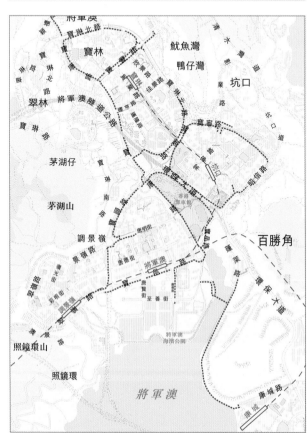

西貢區 將軍澳單車徑

Lesson 1

Lesson 2

Lesson 3

Lesson 4

Lesson 5

熱門單車路線
Lesson 6

Lesson 7

屯門區

屯門單車徑

大嶼山區 梅窩單車徑

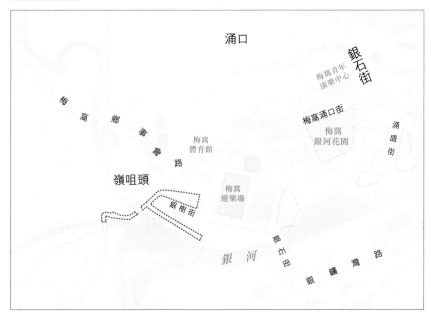

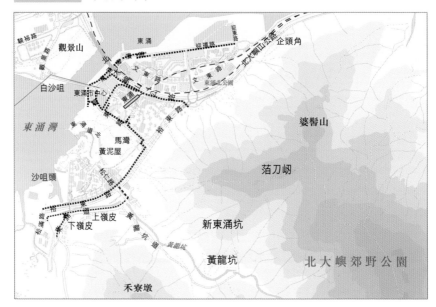

6.2 香港騎單車的好去處（二）單車公園

熱門單車路線
Lesson 6

東區　鰂魚涌公園

地　址	鰂魚涌近海堤街	開放時間	上午7時至晚上11時
配套設施	一條全長640米的單車徑、洗手間和更衣室	查詢電話	2513 8499

東區　小西灣道花園

地　址	小西灣道	開放時間	24小時開放
配套設施	一條全長約240米的單車徑	查詢電話	2564 2539

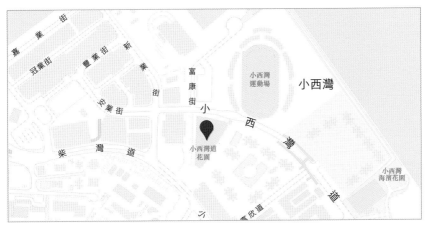

東區　怡盛里臨時休憩處

地　　址	柴灣怡盛里	開放時間	24小時開放
配套設施	一條全長120米的單車徑	查詢電話	2898 7560

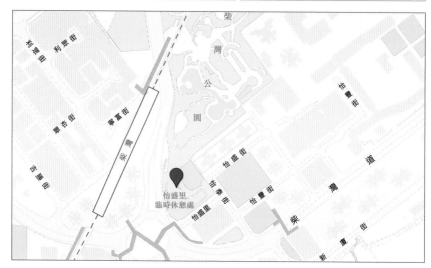

灣仔區　摩理臣山道遊樂場

地　　址	灣仔崇德街 / 摩理臣山道	開放時間	24小時開放
配套設施	多用途場地，單車徑可作滑板場使用；兒童遊樂設施	查詢電話	2879 5602

觀塘區 九龍灣公園

地　　址	九龍灣啟禮道	開放時間	上午7時至晚上11時
配套設施	單車場、洗手間、更衣室及貯物櫃、21個收費泊車位停車場	查詢電話	2341 4755

觀塘區 功樂道遊樂場

地　　址	九龍觀塘功樂道	開放時間	上午7時至晚上11時
配套設施	單車場、洗手間	查詢電話	2341 4755

153

黃大仙區 蒲崗村道公園

地　　址	九龍鑽石山蒲崗村道140號		
配套設施	高架單車徑、單車園地、極限運動場、單車租賃亭、兒童遊樂設施、男女更衣室及洗手間		
開放時間	高架單車徑	每日早上8時至	
		晚上10時30分	
	單車園地	每日早上8時至	
		晚上10時30分	
	極限運動場	每日早上10時至	
		晚上10時30分	
	單車租賃亭	逢星期一至星期五	
		上午10時至晚上7時	
		逢星期六、日及公眾假期	
		上午10時至晚上8時	
	註：高架單車徑和極限運動場的定期保養日為每月第2和第4個星期一上午8時至下午2時		
查詢電話	2320 6140		

賈炳達道公園

地 址	九龍城賈炳達道	開放時間	24小時開放
配套設施	單車徑、緩跑徑、健身站、兒童遊樂場、長者健身站、洗手間等	查詢電話	2716 9962

青衣東北公園

地 址	青衣担桿山路10號	開放時間	上午5時30分至晚上11時30分
配套設施	1條單車徑、1條兒童單車徑、滑板場、緩跑徑、長者健體園地、兒童遊樂場、足健徑等	查詢電話	2436 3422

熱門單車路線
Lesson 6

青鴻路遊樂場

地　　　址	青衣青鴻路	開放時間	24小時開放
配套設施	一條400米長的兒童單車徑、兒童遊樂場	查詢電話	2424 7201

北區 百和路遊樂場

地　　　址	新界粉嶺百和路	開放時間	上午7時至晚上11時
配套設施	單車練習場、單車玩樂場、洗手間及更衣室	查詢電話	2679 2818

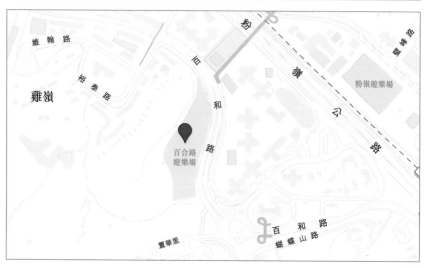

Lesson 1

Lesson 2

Lesson 3

Lesson 4

Lesson 5

熱門單車路線
Lesson 6

Lesson 7

北區　上水單車匯合中心

地　　址	新界上水新運路	開放時間	單車練習場：上午7時至晚上11時 救傷站：逢星期日及公眾假期上午10時至下午6時
配套設施	單車練習場、救傷站、單車亭	查詢電話	2679 2818

沙田區　沙田交通安全公園

地　　址	沙田崗背街1號	開放時間	上午8時30分至晚上9時30分
配套設施	兒童單車徑、洗手間	查詢電話	2637 6303

沙田區 小瀝源路遊樂場

地　　址	沙田小瀝源路1號	開放時間	上午7時至晚上10時30分
配套設施	歷奇單車場、兒童單車場、洗手間	查詢電話	2637 2743

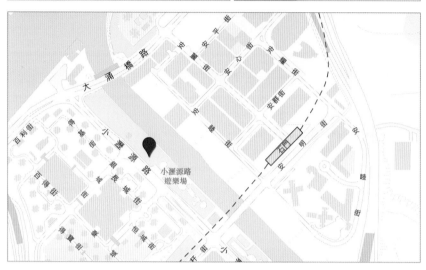

荃灣區 荃灣公園

地　　址	荃灣永順街59號	開放時間	上午7時至晚上11時
配套設施	兒童單車徑、更衣室及洗手間	查詢電話	2408 9592

天秀路公園

地　　址	天水圍天秀路	開放時間	24小時開放
配套設施	單車通道	查詢電話	2617 3806

屯門公園

地　　址	屯門鄉事會路	開放時間	24小時開放
配套設施	單車通道（全長535米）	查詢電話	2451 1144

湖山遊樂場

地　　址	屯門湖山路	開放時間	24小時開放
配套設施	單車場、單車租賃亭、救傷室、洗手間及更衣室	查詢電話	2463 7597

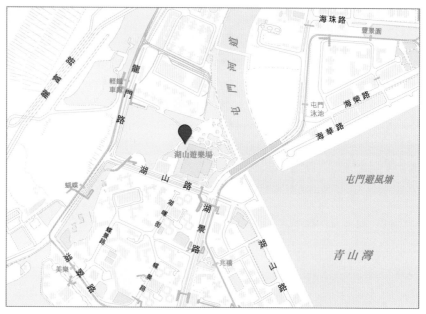

6.3 香港騎單車的好去處（三） 山路

　　漁農自然護理署對本港的越野單車活動有指引及管理，希望愛好者能在安全情況下進行越野單車活動。（資料來源：漁農自然護理署）

越野單車活動守則

① 騎單車人士只准在漁農自然護理署署長指定的地點或路徑上騎單車。

② 騎單車人士應結伴同行，互相照應；12歲或以下的兒童，在郊野公園內騎單車必須有成人陪同。

③ 騎單車人士必須配戴安全頭盔及其他安全設備，詳情請參閱 Lesson 2 <出發前，如何選擇裝備？ >一章。

④ 越野單車徑及地點只宜在日間使用，請勿於黃昏後在越野單車徑及地點騎單車。

⑤ 在狹窄陡峭的山路上，騎單車人士必須停車讓路與遠足人士通過。

⑥ 騎單車人士必須遵守郊區守則：

　◆ 切勿隨意生火或破壞自然景物

　◆ 切勿隨意拋棄垃圾，必須保持郊區清潔

　◆ 切勿污染引水道，河道及水塘

　◆ 切勿傷害野生植物及鳥獸

　◆ 切勿毀壞農作物，必須愛護農民財產

　◆ 愛護郊區，保存大自然美景

⑦ 騎單車人士只可使用指定的越野單車徑或地點。任何人士在越野單車徑以外的郊野公園地方騎踏或管有單車，可被檢控。

Lesson 1
Lesson 2
Lesson 3
Lesson 4
Lesson 5
熱門單車路線
Lesson 6
Lesson 7

越野單車安全設備

騎單車人士於郊野公園越野單車徑及地點騎單車時，必須配備下表所列的安全設備：

內容	安全標準
頭盔	必須配戴符合 ANSI 或相同標準的頭盔。
衣服	必須穿著顏色鮮明的運動衣及適當的運動鞋，以便行山人士在遠距離外已經察覺到騎單車者，提高警覺。
單車	單車必須結構堅固，並配備有效的煞車系統。
車號	單車必須配備車號或車鈴。
車軚	車軚闊度不可少於4.5厘米（1.75吋）。

* ANSI: American National Standards Institute

 【短片】介紹進行越野單車活動之基本裝備及注意的事項：
https://youtu.be/KgkJsnAverU

指定的郊野公園越野單車徑 / 地點

西貢區　西貢西郊野公園（灣仔擴建部分）

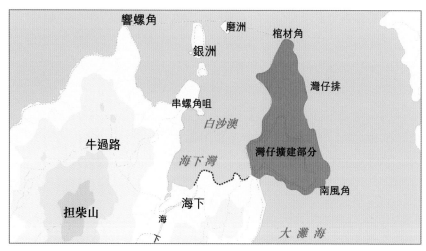

Lesson 1

Lesson 2

Lesson 3

Lesson 4

Lesson 5

熱門單車路線
Lesson 6

Lesson 7

西貢區 西貢西郊野公園（北潭至白沙澳）

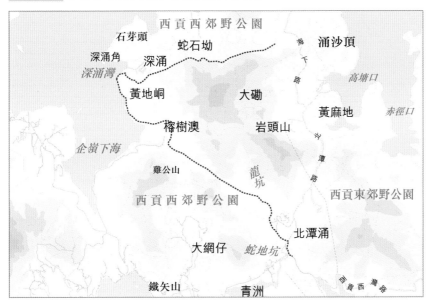

西貢區 清水灣郊野公園（五塊田至蝦山篤）

大欖郊野公園（大欖越野單車徑）

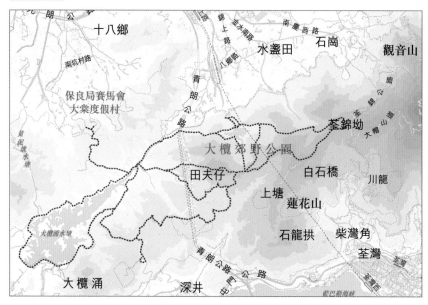

港島區 石澳郊野公園（由大潭峽至土地灣段的港島徑）

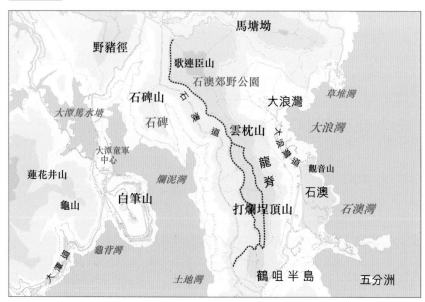

Lesson 1

Lesson 2

Lesson 3

Lesson 4

Lesson 5

熱門單車路線
Lesson 6

Lesson 7

大嶼山　南大嶼郊野公園（自貝澳至狗嶺涌的水渠路）

大嶼山　南大嶼郊野公園（芝麻灣）

大嶼山　南大嶼郊野公園（自梅窩至貝澳的沿岸小徑）

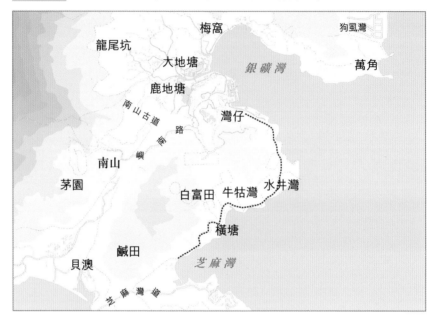

Lesson 7

長途單車旅行

7.1 長途騎行前 需要準備哪些裝備？

作者 李達成先生、趙志偉先生、冼德超先生

一、單車

　　單車旅行的裝備主要按車款分類，有爬山車款及公路車款。車款的物料則有不同種類，例如炭纖維、鈦合金和鋁合金。如果作單車旅行，建議選擇金屬車架，即鈦合金或鋁合金。一般來說，鋁合金價格較便宜；鈦合金則較耐用及輕身，惟價錢較昂貴。至於為何不選擇帶有炭纖維物料的車款呢？因為單車行駛時常受到踫撞，會令炭纖維的物料爆裂，繼而影響旅程，故使用有金屬的車架為佳。普遍而言，單車旅行的人士大多使用帶有鋁合金的車架。

　　車款視乎選擇的路段，假如旅程以公路為主，建議選擇公路車。使用爬山車亦可，但是車胎應換成公路車的車胎，讓旅程變得較省力和舒適。假如選擇的路段是郊區或鄉村等山路，建議使用爬山車。由於爬山車的車胎是波浪型設計，體積較大，抓地能力更強，適合用於泥地等路面。再者，爬山車胎在泥地和崎嶇路面能防止拐彎時，出現車胎打滑的問題；同時，平把手的設計較容易操控，在崎嶇不平的路段，行駛得更穩定。

炭纖維車架

鋁合金車架

二、尾架和尾袋

　　一般而言，車尾會擺放一個尾架和旅行袋。旅行尾袋有兩種設計：第一種是放在尾架頂部的位置；第二種則適用於長途旅程，除了中間頂部的尾袋外，亦設側旁兩方的側袋，可以裝放不同單車旅行的裝備，配合長途旅行。

　　另外，有些單車手會在車頭位置加放旅行袋，同樣有兩種車頭袋設計：第一種是直接安裝在車頭位置的車頭袋；第二種是在前叉裝置旅行架再掛上旅行袋。而一些長時間旅行的單車前後更會裝放側袋，但操控較困難，要較經驗豐富的單車手才選用。

　　短途旅行的單車通常只放置車頭袋在把手位置上，袋內裝放一些常用物品，袋面的位置會有透明膠袋，裝放地圖和帶定位功能的智能電話，以便搜尋路線，確保行駛路程無誤。

尾架

旅行袋

三、前燈和尾燈

　　車頭會裝上兩個前燈，其中一個光源較強，照射範圍較廣，使單車在黑暗的環境仍能繼續活動，不過其用電速度亦較快；另一個使用時間較長的LED前燈，兩者互相輔助使用。車尾則設尾燈，具多功能，可自由選擇閃動或恆亮。為了確保安全，尤其黃昏及晚上時段，車尾大多設置2至3個尾燈。

Lesson 1
Lesson 2
Lesson 3
Lesson 4
Lesson 5
Lesson 6
長途單車旅行
Lesson 7

四、單車座位

現在的單車座位有分男裝和女裝，因女性的盤骨比男性闊，女裝座位會比男裝較闊身。太闊和太厚墊只適合初騎車人士或肥胖人士，不適合長途旅行。單車旅行不適宜出發前才更換單車座位，最好在訓練前更換，訓練時便可調整合適的高度和水平位置，令單車旅行時騎行更舒適。座位可選擇比舊型號厚一些，不要選太厚和太闊，影響長途騎行。

五、倒後鏡

單車倒後鏡有分公路車和山地車用，因公路車是彎頭，山地車是平頭，安裝位置有不同，選購時要問清楚。有些單車亦會在車頭位置加放倒後鏡，裝放位置視乎行車方向。以香港的情況來說，一般倒後鏡會放在車頭右方，而如果行車路線為「左上右落」，一般倒後鏡會放在車頭左方。

六、備用胎和其他工具

單車更會有一些簡單工具，例如多功能六角匙摺合工具、拆鏈工具、氣泵、補胎膠、鏈扣和兩三節後備鏈條等，而單車手也會視乎路程長短而決定會否攜帶備用的內胎和外胎。外胎體積較大，最多帶一至兩條備用；內胎體積較小，故可以帶備數條。

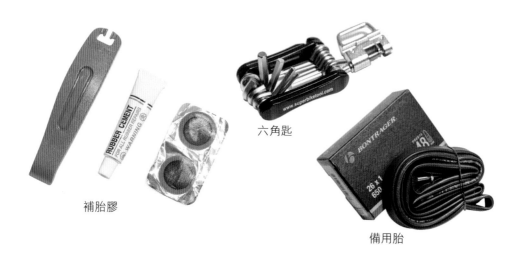

補胎膠

六角匙

備用胎

7.2 長途騎行前
需要進行哪些訓練？

作者 賴藹欣小姐

長距離騎行需要意志就可？

很多人誤以為意志力可以捱過單車旅遊時的長距離挑戰，但身體會誠實反映出疲勞反應，如果多日連續騎行，身體更會累積疲勞，如果因體能下降而影響騎行安全，這更是大家都不想遇見的，所以要長距離騎行前，必須有足夠訓練及充足準備。

在準備長距離練習前，需要準備好以下事項：

◆ 大小、角度合適的單車

◆ 合適訓練服裝

◆ 正確騎行姿勢

◆ 注意補充水分食物

◆ 騎行基本技術

◆ 道路使用者應有知識

訓練方法

長距離騎行＝耐力訓練

而耐力訓練與瘦身減肥的訓練大致相同，同樣是以有氧運動形式進行較長時間騎行，達至心肺功能提升。有氧訓練心率區域介乎65%至80%，如果有心率錶，根據個人情況控制訓練在有氧心率訓練區域。

漸進式練習是不二之法，慢慢把騎行時間、距離、速度、訓練頻率逐漸提升。如果已經有明確目標，例如想參加的比賽或單車旅程，請先了解全程所需時間和當中涉及的騎行路段，方便定下訓練目標。

Lesson 1

Lesson 3

Lesson 5

Lesson 6

長途單車旅行
Lesson 7

【第一步】

　　建議先以時間作為長距離騎行練習的第一步，因不同路段所需體能均會有所不同，如果一開始就以距離作目標，若預算錯誤而勉強騎完，便會影響信心，所以先以時間作目標可令自己先習慣長時間騎行，慢慢再增加路段的難度，騎行速度會比較好。

【第二步】

　　如果已經能持續騎行一段時間，身體開始適應，便可以增加運動強度，例如從平坦的直路改為起伏路進行練習，但注意，如果一開始是平路為主要練習路段，請不要一下子到全山路段騎行，應該先由起伏路開始使身體適應起來。

【第三步】

　　當改變路段而身體亦適應起來，完成訓練時不會太吃力，那可以開始提升騎行速度，慢慢邁向最終目標。

【第四步】

　　增加訓練頻率，由以住沒有規劃地訓練改為有計劃地進行，例如按準備參加的單車旅遊行程進行模擬訓練，連續數天進行長時間練習，令身體習慣連續多天騎行的感覺，這有助之後參加正式的多天單車旅遊。

運動誤區

很多人以為曾經做到的訓練量，就假想停止訓練多久，都同樣能一下子重回之前水平，例如以前能連續騎行100公里，就以為停止訓練半年，再重新訓練仍能順利完成100公里的訓練。而事實是如果停止訓練超過一星期，請記緊不要一下子就進行上一次練習的分量，因為身體需要重新適應。如果盲目跟從及挑戰原來的訓練量，或會使身體出現強烈反應，影響持續訓練的效果。

長距離騎行應該以低頻率騎行以保持體能？

答案是錯誤的，長距離騎行若以低頻率騎行，非但不能保持體能，反而會令肌肉疲勞、繃緊，有效率的踏頻平路大約為每分鐘90下，上坡大約為70至80下。使用單車鞋能令你更容易保持踏頻，而且節省體力。

運動貼士

訓練固然對於提升很重要，但懂得了解自己的身體亦是非常重要的。當身體過度疲勞時，會出現以下特徵：

- 運動表現下降
- 情緒不穩
- 容易生病（例如感冒）
- 容易受傷（例如拉傷）

注意訓練與休息的比例，令身體及心情能放鬆並恢復，再開展第二天的訓練。

Lesson 1

Lesson 2

Lesson 3

Lesson 4

Lesson 5

Lesson 6

長途單車旅行
Lesson 7

7.3 路線和經驗分享
日本四國

作者 李達成先生、趙志偉先生、冼德超先生

路線簡介

參與「點滴是生命」的「點滴鎮洋單車在日本四國」籌款活動，由尾道市騎至四万十市，全程三百公里，七天行程。

第一天

香港至達大阪，再坐巴士到尾道市（約4小時），日本四國唯一一間單車酒店 U2 Cycling Hotel。

第二天

尾道市→島波海道→今治，山道較多，途經大山神社、跨海大橋、瀨戶內海自行車道，可住宿今治國際酒店。

■ 騎行距離：77公里

跨海大橋

大山神社

瀨戶內海自行車道

第三天

今治→松山市，平路為主較輕鬆，可住宿古湧園酒店（Kowakuen），享受道後溫泉，參觀溫泉商店街。

■ 騎行距離：51公里

道後溫泉

Lesson 1

Lesson 2

Lesson 3

Lesson 4

Lesson 5

Lesson 6

長途單車旅行
Lesson 7

第四天

道後溫泉→大州，要爬一座山，可住宿Ozu Plaza Hotel。

■ 騎行距離：60公里

往大洲市風景

往大洲市風景

第五天

大州→宇和島市，可到愛媛縣橘子農場摘橘子，途經一座山，可住宿宇和島酒店。

■ 騎行距離：49公里

鳥阪隧道

愛媛縣橘子農場

第六天

宇和島市→四万十市，頭段要上一座大山，之後全平路，特色景點為佐田沈下橋，可住宿 Royal Hotel Shimanto Gawa。

■ 騎行距離：72公里

第七天

由四万十市坐巴士到達大阪，坐飛機到香港。

7.4 路線和經驗分享 台灣

作者 莊子聰先生

九天。當你有九天空閒，你會選擇做甚麼？

基於人生原本就是一場遊戲（變通與堅持的遊戲）和一齣好戲（演員與觀眾的互動）的概念，旅行從來都是我的首選。旅行，我個人喜歡包含兩個元素：與當地人溝通，以及做一些別人不常做的事。

單車旅行——我這次選擇的旅遊方式。原本沒有太多準備，只是隨便在網上搜索，就看見「鐵馬家庭」，繼而報名參加這個單車協會舉辦的活動。出發之前，我在Youtube瀏覽單車環台短片，看了電影《練習曲》、背熟幾個行程點；跟朋友分享了這件事，他們通常都會報以詫異的眼神：「你好厲害啊！每日踩100公里？好辛苦喫！」——哈哈，其實我沒有多想這有多困難，反正如果不行，還有隨行保姆車可以坐。

直到12月23日晚的簡介會，教練認真地講解《道路使用者守則》和幾天路程的艱辛之處，我才開始感到有點膽怯。途中有幾個很辛苦、很難爬的坡，還有條很危險的公路。刮風、烈日、下雨、上坡，在香港甚少踩公路、沒有經驗的我，確實感到潛在的困難和危險。

第一天

出發當天，借用了協會提供的單車，性能良好、簡單易用，小變速器有9等，大變速器有3等。另備配計速器、GPS、小包包和紀念品水樽。

在台北市區馳騁，好爽！既緊張又興奮！龜山坡是第一個挑戰約100米高，長度6公里。因為沒學過「趴騎」，感覺有點吃力。心裡唯有默念：「只要腳不停，環島一定行」。終於踩完，原來每個小休都有大量飲品、食品供應，還有好吃的香蕉——耐力運動必備佳品！首天有點

每晚完成騎行後，必須做拉筋舒緩肌肉繃緊。十分嚴謹！

出師不利，因為GPS有誤，所以有小部分人（包括我在內）繞多了路。

　　當天夜宿十分有「情趣」的汽車旅館。回旅館時大夥兒做拉筋操，一邊唱著有趣的歌：《我是台灣人》、《雄壯威武》、《那路雖然遙遠漫長》……每個健兒都很投入！晚上吃飯時，大家都道出環台的心路歷程，暖暖的家人感覺開始萌芽。當晚在房間用了很長時間消除運動後乳酸之感，約九時就抱頭大睡，不省人事。

第二天

　　心胸豁然開朗，「勇」字當頭，車頭旅行袋裡放多了許多東西：相機、音樂播放器、（隨後幾天越放越多的）消炎藥丸、藥膏、帝大哥借我的虎標、刮刀、凡士林、膠布、貼布、剪刀等。

　　參加者共有64人，隨後兩天我都騎在隊伍的前列，感覺很爽，不但有時間多休息，還可以拍照留念。雖然這不是甚麼比賽，但總會有比拼的心態。當面對台妹的強悍技術，男人的面子怎能丟呢？心裡雖然謹記馬哥的訓話：「就算被正妹超了也要沈得住氣」──但我還是拚命去追！

　　在台中的溫暖天氣、和煦陽光下，微風親吻我的臉龐；騎著單車穿過一個又一個花田美景，令人心曠神怡，再播放《Secret Garden》般的新世紀田園音樂，彷彿一下子去了另一個天堂。

第三、第四天

　　到了第三天晚上，右腿後肌開始感到不對勁，但因沈醉於嘉義夜市的聲色犬馬，暫時把隱憂完全忘掉。但是，噩夢發生在第四天首兩圈，愈踩、右腿就愈痛！休息一會後，舒緩了一點，但再上路騎約10多公里後，劇痛再臨。用左腿一拐一拐地往10公里前的小休點走，眼瞪著計速器，到底何時才能走到小休點？路怎會這麼難行？

　　雖說自己是治療師，但這種海外單車旅行團還是第一次參與，所以沒有預備運動創傷需要的器材；亦沒有預料到自己會傷得如此厲害，只帶了Counterpain酸痛藥膏和刮刀來處理乳酸。這樣的肌腱炎，還是第一次遇到。

　　隨後幾晚都沒有充足睡眠，因為都用大量時間來處理傷患。在寒冷的冬夜，獨自承受痛苦的煎熬，很不好受。曾經跑去問負責人寶哥，附近有沒有醫院讓我可以買到特效藥，但壞消息是台南楓港知本都很偏僻，沒有辦法去醫院。那兩天美麗的台南黃昏、晚上皎潔的月色，我都沒有心情和閒暇去欣賞。

第五天

　　來到第五天的重點爬坡日，幸好晚上的治療都有果效，還有覓得突如其來的運動貼布，終於讓我成功登陸整個旅程最困難的455米壽卡山路！那種逆風上坡的挑戰，最需要堅毅的意志、邊哼著「那路雖然遙遠漫長」的傻氣才能克服！

「鐵馬家庭」總領隊寶哥

第六天

　　最令人印象深刻的是第六天的花東縱谷，在山谷中逆風爬行，很累！全團人的進程延遲，最後一個要晚上六點半才到達目的地。晚上漆黑一片的公路，車不算多，但已叫人顫慄。因為騎行時間用了很多，那晚「好腿」的四頭肌也異常地腫起來至少一倍！

第七天

　　第七天是「魔鬼之蘇花公

旅程中最難過的坡道：壽卡。

路」，原本真的要打退堂鼓了。下午臨上公路的一刻，「壞腿」疼痛發作，幸得劉老師的鼓勵，我還是決定繼續向前！在泥石流的陰影、被衝落懸崖的潛在風險下，我們靠的是慈濟靜思堂的祝福，還有那甜甜的花蓮麻糬，最終撐過去了！隧道中吹著哨子前行，在左落右上的交流道上，好幾次剛好有兩架大貨車經過，對頭一架，自己那條道上一架，我被壓到只剩下左右空間總共不足一米的道路旁，十分刺激！當穿過最後一條隧道，那刻的感動簡直不能以言語形容！

第八、九天

枋山日落美景

最後兩天冒雨前行，全身濕透了，感覺不算冷，還蠻爽的！從來都喜歡被雨水灌頂的感覺，彷彿洗滌心靈！在高山上悠閒地嘆了清茶和榛子咖啡，為這個旅程畫上完美的句號！

單車環島的旅程，就像人生一樣。

九天的行程，首三天是蜜月初嘗期，中間是痛苦掙扎期，最後是適應當下的信守承諾期，全都是窩心、甜蜜的回憶。雖然筋腱勞損令人痛不欲生，那種如斯想放棄的念頭曾揮之不去：「道路才走了一半，還可以撐下去嗎？前路茫茫，壽卡的陡峭、蘇花的險阻，我能安全走過嗎？我的志氣、意氣、傻氣跑到那兒去了？」痛苦地掙扎，但伴隨蘭陽平原的美景，九彎十八拐、高低起伏550米高的北宜公路，如果沒有經歷過前後的龜山坡、壽卡和蘇花公路的磨練，後段又怎會走得如此輕鬆？

每天出發前都要做暖身操，也要心存感激「家人」對自己的關懷照顧，在每個休息點互相激勵士氣、再做拉筋，好好享受精彩的旅程。驀然回首，經歷過的痛苦都是短暫的，朋友的協助和師長的鼓勵便是克服困難的原動力、成功的催化劑。確立目標，勇往直前。只要腳不停，環島一定行！

7.5 路線和經驗分享
挪威與阿爾卑斯山

作者 Dr Tron Krosshaug、莫鑑明博士

在挪威騎山地單車

如果你喜歡騎山地單車、欣賞壯麗的大自然景觀，挪威有許多合適的地方。在西南面，一路向北的山地峽灣地區，十分流行騎山地單車。為甚麼近年來，山地單車越來越普及呢？當中有很多原因。雖然許多人騎山地單車是為了加強訓練，但更多人是為了體驗大自然的和平與寧靜，以及發掘新的美景。此外，能夠與他人分享這些經驗，也是一大樂事。男女老幼都適合騎山地單車。挪威有很多道路和小徑，適合不同程度的單車手。

騎車要裝備充足，而頭盔最為重要。山地單車應該有一個較寬的把手、避震器和足氣的輪胎。如果要在岩石上騎單車，全避震單車可以提高你的技術水平。

奧斯陸地區

奧斯陸是挪威的首都，周邊地區以其森林裡無數的小徑而聞名。四周森林全受法律保護，目的是確保當地人能一直享受騎自單車等康樂活動的樂趣。大家可以沿泥路騎車穿過森林。那裡的小木屋有熱巧克力和窩夫提供。(見圖❶❷❸)

❶

位於奧斯陸森林的Ullevålseter和Kikut是單車愛好者最常到的地方。黃昏時分，由Sognsvann騎車到Ullevålseter（11公里）是不錯的選擇。而騎車到Kikut（35公里）便需要更多時間，所以較適合假日進行。

在奧斯陸森林，可以路經優美的湖泊去游泳。在夏天，溫度大多高於約22度。（見圖④）

經過一整天的旅程，你可能只想好好地休息一下。黃昏時分，靜靜地欣賞美麗的日落。（見圖⑤⑥⑦）

步行或騎山地單車可以到達景色如畫的景點，在Vettakollen、Barlindåsen和Grefsenkollen可以看到整個城市的壯麗景色。不過，要走這些路線需要一定的騎山地車經驗。（見圖⑧⑨）

Lesson 1

Lesson 2

Lesson 3

Lesson 4

Lesson 5

Lesson 6

長途單車旅行
Lesson 7

西部 Rallarvegen

　　挪威最有名的單車路線是位於西部的 Rallarvegen，那裡的冰川和高山風光十分迷人。Rallarvegen 的路徑由大約海拔 1,000 米的 Haugastøl 開始，最高點為海拔 1,350 米，最後回到海平面的峽灣。這段路程的總距離約 80 公里，主要是下坡，不需要像運動員的體格去完成。而且行程容易安排，可以租一輛單車，然後搭著名的 Flåmsbanen 火車回到起點。再往北走就是著名的 Geiranger 峽灣，可以在那裡盡覽絕美風光。

　　雄偉壯觀的 Geiranger 峽灣是挪威有名的拍照勝地，夏天泊滿郵輪，附近有小鎮 Valldal 和 Fjørå。Valldal 盛產草莓，而 Fjørå 是騎山地單車景色最優美的地方。數百年來，當地牧羊戶走過森林、草地和山脊，踏出不少小徑。周末與家人朋友遠足的習慣植根於挪威傳統文化，所以這些小徑得以保留，並由戶外愛好者逐漸擴展。雖然要推著自行車走 1,100 米才能到達山峰，十分困難，但是能欣賞高山和峽灣的壯麗美景，相當值得。經驗豐富的騎車人士，在這裡騎山地車，是畢生難忘的體驗。

在阿爾卑斯山騎山地單車

熱愛騎山地自單車的話，有機會一定到位於中歐的阿爾卑斯山騎單車，甚至騎單車穿越阿爾卑斯山。這裡的山形與挪威的山脈不同，因為北歐的山比中歐的山歷史更長久。山峰受到侵蝕，山谷因冰川而變成 U 型。因此，阿爾卑斯山比較高聳陡峭和考驗體能，但看到如此壯麗的景色，一切都是值得的。

正常來說，騎山地單車來穿越阿爾卑斯山需要一周的時間，包括每天攀爬海拔 2,000 至 3,000 米的高度。那裡有許多不同的路線以供選擇，可以帶你穿越奧地利、瑞士和意大利等地。幸運的是，不論是初學者或專家，都可以享受在阿爾卑斯山騎山地單車的樂趣。

人們通常選擇在德國南部的一個著名城市 Garmisch-Partenkirchen 開始旅程。這個城市位於在德國最高山峰——楚格峰（Zugspitze）的山腰，同時是阿爾卑斯山的入口。如果幸運地遇到好天氣，你會看到壯觀的景色。但是，基於此地屬於高海拔地區，即使在夏天，旅程也可能在雪地中度過，因此在出發前需要審慎考慮帶甚麼必要的衣服、食物和修理工具。

　　跨越阿爾卑斯山會遇到不同的情況及路線：例如充滿粗糙沙礫的小徑，延伸到上山、下山、森林、湖泊和高寒山區的通道。沿途的小村莊也將大大豐富這次旅程的體驗。在其中一個山間小屋坐下來，如 Heilbronner Hütte，在那裡享用村民自製的高山奶酪、牛油、香腸、鮮牛奶及臘腸等傳統美食，配以農夫麵包來吃，好好享受在那裡的美好時光。

在阿爾卑斯山，可以乘搭穿梭車，例如巴士，甚至可以乘搭纜車或吊索來進入山中。那裡最著名的區域有瑞士的採爾馬特、韋爾比耶和達沃斯、法國的夏蒙尼（Chamonix）和阿爾杜維茲（Alpe d'Huez），或意大利的利維尼奧和加爾達湖（River Del Garda）。在瑞士的達沃斯（Davos），山谷兩側有吊車，以便攜帶山地單車上山，也有驚心動魄的下坡路和單行路（適合各級選手）。對於那些能夠承受動輒騎數百公里、挑戰體能極限的朋友，阿爾卑斯山是適合單車旅行的地方，讓你探索此處最壯麗的景色。

參考文獻

Lesson 1

在香港馬路上可以騎單車嗎？

1. Cycling Information Centre. (2016, May 26). Retrieved from http://www.td.gov.hk/mini_site/cic/tc

Lesson 2

如何選擇合適的頭盔？

1. Sze, N. N., Tsui, K. L., Wong, S. C., & So, F. L. (2011). Bicycle-related crashes in Hong Kong: is it possible to reduce mortality and severe injury in the metropolitan area?. Hong Kong Journal of Emergency Medicine, 18(3), 136.

2. Thompson, D. C., Rivara, F., & Thompson, R. (2006). Wearing a helmet dramatically reduces the risk of head and facial injuries for bicyclists involved in a crash, even if it involves a motor vehicle. Health.

調較山地單車的避震是一門藝術

1. Bike Mania. 群眾外包(CROWD SOURCING)車架設計. (2013, July 3). Retrieved June 1, 2016, from http://www.bike-mania.net

2. Randy. 重回 Off-Road 的懷抱認識「登山車」. (2014, September 9). Retrieved from http://cyclingtime.com/tw/documents/4217.html

3. Jwchao. 淺談單車避震. (2007, February 25). Retrieved from http://blog.yam.com/jwchao/article/8421418

單車手也用矯形鞋墊？

1. Guldemond, N. A., Leffers, P., Sanders, A. P., Emmen, H., Schaper, N. C., & Walenkamp, G. H. (2006). Casting methods and plantar pressure: effects of custom-made foot orthoses on dynamic plantar pressure distribution. Journal of the American Podiatric Medical Association, 96(1), 9-18.

2. Roukis, T. S., Scherer, P. R., & Anderson, C. F. (1996). Position of the first ray and motion of the first metatarsophalangeal joint. Journal of the American Podiatric Medical Association, 86(11), 538-546.

Lesson 3

騎單車可以練氣嗎？

1. Wilmore, J., & Costill, D. (2005). Physiology of Sport and Exercise 3rd Edition. Human kinetics.

2. Ainsworth, B. E., Haskell, W. L., Leon, A. S., Jacobs Jr, D. R., Montoye, H. J., Sallis, J. F., & Paffenbarger Jr, R. S. (1993). Compendium of physical activities: classification of energy costs of human physical activities. Medicine and science in sports and exercise, 25(1), 71-80.

3. Daussin, F. N., Zoll, J., Dufour, S. P., Ponsot, E., Lonsdorfer-Wolf, E., Doutreleau, S., ... & Richard, R. (2008). Effect of interval versus continuous training on cardiorespiratory and mitochondrial functions: relationship to aerobic performance improvements in sedentary subjects. American Journal of Physiology-Regulatory, Integrative and Comparative Physiology, 295(1), R264-R272.

騎單車的前、中、後期，如何補充能量？

1. Rehrer, N. J., & Burke, L. M. (1996). Sweat losses during various sports. Australian Journal of Nutrition and Dietetics, 53(Supplement 4), S13-S16.

單車上的高強度間歇訓練法

1. Gibala, M. J., Little, J. P., MacDonald, M. J., & Hawley, J. A. (2012). Physiological adaptations to low-volume, high-intensity interval training in health and disease. The Journal of physiology, 590(5), 1077-1084.

Lesson 5

騎單車太久，腿會變粗嗎？

1. De Hartog, J. J., Boogaard, H., Nijland, H., & Hoek, G. (2010). Do the health benefits of cycling outweigh the risks?. Environmental health perspectives, 1109-1116.

騎單車會「傷膝」嗎？

1. Clarsen, B., Krosshaug, T., & Bahr, R. (2010). Overuse injuries in professional road cyclists. The American journal of sports medicine, 38(12), 2494-2501.

2. Dettori, N. J., & Norvell, D. C. (2006). Non-traumatic bicycle injuries. Sports Medicine, 36(1), 7-18.

3. Nilsson, J., & Thorstensson, A. (1989). Ground reaction forces at different speeds of human walking and running. Acta Physiologica Scandinavica,136(2), 217-227.

錯誤的騎行姿勢會導致「騎士背」？

1. Clarsen, B., Krosshaug, T., & Bahr, R. (2010). Overuse injuries in professional road cyclists. The American journal of sports medicine, 38(12), 2494-2501.

2. Dettori, N. J., & Norvell, D. C. (2006). Non-traumatic bicycle injuries. Sports Medicine, 36(1), 7-18.

騎單車太久，為甚麼雙手會「麻麻」的？

1. Chan, K. M., Yuan, Y., Li, C. K., Chien, P., & Tsang, G. (1993). Sports causing most injuries in Hong Kong. British Journal of Sports Medicine,27(4), 263-267.

2. Yeung, J. H. H., Leung, C. S. M., Poon, W. S., Cheung, N. K., Graham, C. A., & Rainer, T. H. (2009). Bicycle related injuries presenting to a trauma centre in Hong Kong. Injury, 40(5), 555-559.

3. Lee, L. L. Y., Yeung, K. L., Chan, J. T. S., & Chen, R. C. L. (2003). A profile of bicycle-related injuries in Tai Po. Hong Kong Journal of Emergency Medicine, 10, 81-87.

騎單車最常見的受傷是甚麼？

1. Chan, K. M., Yuan, Y., Li, C. K., Chien, P., & Tsang, G. (1993). Sports causing most injuries in Hong Kong. British Journal of Sports Medicine,27(4), 263-267.

2. Wilber, C. A., Holland, G. J., Madison, R. E., & Loy, S. F. (1995). An epidemiological analysis of overuse injuries among recreational cyclists. International journal of sports medicine, 16(3), 201-206.

3. Heng, K. W., Lee, A. H., Zhu, S., Tham, K. Y., & Seow, E. (2006). Helmet use and bicycle-related trauma in patients presenting to an acute hospital in Singapore. Singapore medical journal, 47(5), 367-372.

騎單車時發生意外應如何處理？

1. Sports Medicine Australia. (2013). Sports Medicine for Sports Trainers. Elsevier Australia.

長者適合騎單車嗎？

1. Pollock, R. D., Carter, S., Velloso, C. P., Duggal, N. A., Lord, J. M., Lazarus, N. R., & Harridge, S. D. (2015). An investigation into the relationship between age and physiological function in highly active older adults. The Journal of physiology, 593(3), 657-680.

我有哮喘，可以騎單車嗎？

1. World Health Organization. Asthma. (2013, November). Retrieved from http://www.who.int/mediacentre/factsheets/fs307/en/

2. Kallings, L. V., Emtner, M., & Bäcklund, L. (1999). Exercise-Induced Bronchoconstriction in Adults with Asthma: Comparison between running and cycling and between cycling at different air conditions. Upsala journal of medical sciences, 104(3), 191-198.

3. Pluim, B. M., de Hon, O., Staal, J. B., Limpens, J., Kuipers, H., Overbeek, S. E., ... & Scholten, R. J. (2011). β 2-agonists and physical performance. Sports Medicine, 41(1), 39-57.

Lesson 6

香港騎單車的好去處（二）單車公園

1. 香港單車遊. (2015, July). Retrieved from http://www.gov.hk/tc/residents/culture/recreation/activities/cycling.htm

2. 越野單車路線. (2015, March 11). Retrieved from http://www.afcd.gov.hk/tc_chi/country/cou_vis/cou_vis_mou/cou_vis_mou_mou/cou_vis_mou_mou.html

3. 單車徑/場. Retrieved from http://www.lcsd.gov.hk/tc/facilities/facilitieslist/districts.php?ftid=17

TREK是美國第一大單車牌子，亦是美國白宮安全巡邏隊選用的單車牌子，連美國總統布殊及奧巴馬都騎乘TREK的單車。TREK贊助的車隊更在眾多世界級單車賽事獲獎無數。

香港總代理:香港單車專門店

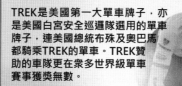

單車優惠 ──────────○

憑此券購買任何Trek單車, 即減

$300

Valid Until
有效期至: 30th June,2017

網上商店優惠
www.bicycleshophk.com

網上商店$50現金券

USE CODE

BK50DIS16

購買任何產品(包含特價產品)滿$200方可使用

Valid Until
有效期至: 30th June,2017

租車優惠 ──────────○

憑此券租單車可享

半價

*最多可租三架單車

Valid Until
有效期至: 30th June,2017

TREK香港官方網站
http://www.trekbikes.hk/

TREK Bicycle Hong Kong Facebook
https://www.facebook.com/trekhk

TREK Bicycle Fans Club Hong Kong
https://www.facebook.com/groups/trekfanshk

香港總代理：
香港單車專門店
地址：香港新界上水新豐路27號地下
電話：(852) 2670 2318
電郵：support@trekbikes.hk
網址：http://www.trekbikes.hk

使用條款：
1. 此券適用於香港單車專門店作購物之用。
2. 每張現金券限用一次，每次限用一張。
3. 此現金券不可兌換現金、找贖或退款。
4. 此現金券如有任何塗改、模糊不清或損毀，將告無效，
   影印本不獲接受。
5. 如有遺失或損毀將不獲補發。
6. 請於付款前出示此現金券。
7. 如有任何爭議，香港單車專門店保留最終之決定權。

有效日期至：30th June, 2017

The Bicycle Shop - G/F, 27 SAN FUNG AVE, SHEUNG SHUI, N.T., HONG KONG
香港單車專門店 - 香港上水新豐路27號地下
電話: 2670 2318

使用條款：
1. 此優惠券號碼只適用於香港單車專門店網上商店
   (www.bicycleshophk.com)作購物之用。
2. 請於確認訂單前使用此優惠券號碼。
3. 此優惠券不可兌換現金、找贖或退款。
4. 如有任何爭議，香港單車專門店保留最終之決定權。

有效日期至：30th June, 2017

The Bicycle Shop - G/F, 27 SAN FUNG AVE, SHEUNG SHUI, N.T., HONG KONG
香港單車專門店 - 香港上水新豐路27號地下
電話: 2670 2318

使用條款：
1. 此租單車券適用於以下指定單車店租賃單車。
2. 請於租車前三天致電預約並於租車時出示此券。
3. 每張租單車券限用一次，每次限用一張。
4. 每張租單車券可租三架單車。
5. 此租單車券不可兌換現金、找贖或退款。
6. 此租車券如有任何塗改、模糊不清或損毀，
   將告無效，影印本不獲接受。
7. 如有遺失或損毀將不獲補發。
8. 如有任何爭議，指定單車店保留最終之決定權。

有效日期至：30th June, 2017
Bike Store HK - G/F, 188 San Wan Road, Sheung Shui
單車特賣場 - 上水新運路單車匯合中心(馬會投注站後面)
電話: 2639 2081

Bike Station - G/F, University Station Cycling Hub, Ma Liu Shui, N.T.
單車站 - 新界馬料水大學站單車匯合中心
電話: 2639 2083

人身安全免責聲明
騎乘時，建議顧客佩戴頭盔及
其他安全設備。
顧客需自行考慮騎車時的人身
安全之風險，如於租賃單車期
間遇上任何因天災或人為造成
之意外，或導致第三方身體及
財物收到損害，香港單車專門
店及合作之單車租賃店並不會
作出任何金錢賠償及承擔任何
法律責任。